青少年
随手可做的化学实验

沙金泰 / 编著

吉林出版集团有限责任公司

图书在版编目（CIP）数据

青少年随手可做的化学实验 / 沙金泰编著. —长春 : 吉林出版
集团有限责任公司, 2015.12
（青少年科普丛书）
ISBN 978-7-5534-9396-1

Ⅰ.①青… Ⅱ.①沙… Ⅲ.①化学实验－青少年读物
Ⅳ.①06-3

中国版本图书馆CIP数据核字（2015）第285198号

青少年随手可做的化学实验
QINGSHAONIAN SUISHOUKEZUO DE HUAXUE SHIYAN

编　　著	沙金泰	
出 版 人	吴文阁	
责任编辑	朱子玉	
装帧设计	于　洋	
开　　本	710mm×1000mm　1/16	
印　　张	10	
字　　数	160千字	
版　　次	2015年12月第1版	
印　　次	2021年 5 月第2次印刷	

出　　版	吉林出版集团有限责任公司（长春市人民大街4646号）	
发　　行	吉林音像出版社有限责任公司	
地　　址	长春市绿园区泰来街1825号	
电　　话	0431-86012872	
印　　刷	三河市华晨印务有限公司	

ISBN　978-7-5534-9396-1　　　　　定价：39.80元

C目录

<small>CONTENTS</small>

C
ONTENTS
目录

C目录

ONTENTS

分离盐和水

　　海滩上有很多白花花的小山，那是什么呢？原来是一座座盐堆，盐是从哪里来的呢？盐可以从盐矿开采出来，也可以从海水里提炼出来……

实验前的准备

　　盐水或海水、小勺、蜡烛、火柴。

实验过程

　　① 点燃蜡烛，盛一小勺盐水放在蜡烛上烘烤。

　　② 一会儿白花花的盐就出来了。等冷却下来，用手沾一点，舔一舔，是不是很咸？

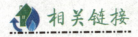 相关链接

◎ 丰富的盐仓库——大海

　　海水中含有大量的盐，盐溶解在海水中，但怎么样能得到盐呢？人们制造了很多盐水池，将盐水引入水池，利用太阳的热能，把盐水晒干析出盐堆，再把得到的盐经过提纯、粉碎、添加、包装等，最终成为我们生活中的食盐。

种子萌发的条件

种子是有生命的，它的生命活动一直进行，不过微弱得难以让人觉察。如果种子遇上了适宜的环境条件，就会慢慢发育成一株幼苗，这个过程就叫做萌发。种子在什么条件下会萌发呢?

实验前的准备

三只杯子、30粒菜豆种子、胶带纸、清水。

实验过程

①在每一只杯子上各贴上一小块胶带纸，给它们编号并把号写在胶带纸上。

②在三只杯子中各放入10粒菜豆种子，并在一号杯中加入大半杯

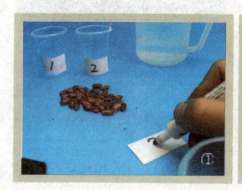

水，二号杯中加入的水，不使菜豆全部淹没，三号杯不加水。把这三只杯子放在室内见光处，几天后，观察哪一只杯子里的种子发芽。

🌱 柯博士告诉你

实验结果二号杯中的菜豆会顺利发芽。一号杯子里水太多了，过多的水隔绝了空气与种子接触，种子离开空气不会发芽；三号杯子里的菜豆也不会发芽，因为它缺少水分。这说明菜豆萌发需要水分、空气和适宜的温度。

🌱 相关链接

◎ 种子发芽需要温度

种子发芽需要水和空气，种子发芽是否需要其他条件呢？做一个实验。

准备：两个盘子、湿沙、菜豆种子。

实验过程

在两个盘子中放入一些湿沙，并在两个盘中分别拌入10粒菜豆种子。

把一个盘子放在阳台上，另一个盘子用搪瓷盆或黑盒子罩上，放到冰箱的保鲜室。

原理揭秘

在阳台上的盘子中的种子发芽了，这说明种子发芽不仅需要水和空气，同时也需要温度。

阳台上盘子里的种子，在阳光照射下，湿沙的温度提高了，适宜种子发芽。

北方，在春天播种后，有时为提高地温，往往用塑料膜罩上覆盖，就是为种子发芽创造一个适宜的地温。

子叶的功能实验

植物的种子都有子叶，这子叶对植物的生长有很大的作用，子叶很肥厚，子叶里含有植物生长初期的营养成分，你做一个实验就会清楚地看到。

实验前的准备

大豆种子、一个盘子、三个自制的花盆。

实验过程

① 把大豆种子放到盘子里用水浸一两天，再分别播种到三个花盆里，每个花盆里播种10粒。

② 过几天，小芽就会破土而出，这时你可以留三棵一样健壮的小苗，

①

②

其余的都拔掉。这三个盆就是三组，并且编上一、二、三号。

③把第一组苗的子叶全部去掉；第二组苗去掉两片子叶中的一片；第三组保留全部的子叶。

过两周以后，观察这三组小苗的长势，对比一下哪组的小苗长得好。

🧩 柯博士告诉你

实验的结果是去掉两片子叶的第一组小苗，长势非常糟糕，叶片很少；第二组的小苗长势好于第一组的小苗，但远不如第三组的小苗茂盛。

子叶是种子的重要组成部分，子叶里面含有丰富的养料，这些养料供植物生长初期的需要，如果没有了子叶，植物的生长就会因缺乏养料而生长缓慢，甚至不能生长，而两片子叶都有，它们就会有充足的养料，因此生长的形态就会很茂盛。

🧩 相关链接

◎ 单子叶植物和双子叶植物

单子叶植物中最常见的应属小麦、水稻、玉米、美人蕉、白玉兰等。双子叶植物中最常见的则应是大豆、花生、苹果、菊花、棉花、向日葵等。

　　它们的根本区别是在种子的胚中，发育两片子叶还是发育一片子叶。发育两片子叶的植物称为双子叶植物，发育一片子叶的植物称为单子叶植物。

　　双子叶植物的根系，基本上是直系，主根发达；木本植物，茎干能不断加粗，叶脉为网状脉，花中萼片、花瓣的数目都是五片或四片，如果花瓣是结合的，则有五个或四个裂片。

　　单子叶植物的根系基本上是须根系，主根不发达；主要是草本植物，木本植物很少，茎干通常不能逐年增粗；叶脉为平行脉，花中的萼片、花瓣的数目通常是三片，或者是三片的倍数。利用上述几方面的差异，可以比较容易地区分单子叶植物和双子叶植物。

　　在整个被子植物中，双子叶植物的种类占总

数的4/5，双子叶植物除了几乎所有的乔木以外，还有许多果类、瓜类、纤维类、油类植物以及许多蔬菜；而单子叶植物中则有大量的粮食植物，如水稻、玉米、大麦、小麦、高粱等。

植物的向光性实验

　　植物在生长发育过程中受阳光照射的影响，它们都会朝着阳光照射来的方向生长，我们称之为"向光性"。几乎所有的植物都会有向光性，有的植物甚至花朵随着阳光转，向日葵的花就是随着太阳转的。

实验前的准备

　　花盆、牵牛花种子、鞋盒。

实验过程

　　①把牵牛花种子播种在小花盆里，放到阳台上，保持土壤的温度和湿度，过几天小苗就会破土而出。
　　②再过几天后幼苗渐渐长大，这时把花盆放到鞋盒里，使花盆紧靠鞋

盒的一侧，在另一侧上方开一个小窗。

③ 盒内用硬纸做一个隔墙，隔墙下方留一点空隙，盖上盒盖，把鞋盒放在阳台上。

④ 一个星期后或更多一点时间，牵牛花秧会从小窗中探出头来。

柯博士告诉你

原来，在植物细胞里有一种对光线非常敏感的生长素，它控制着植物发育和生长的方向，只要盒内有一点点光线，这种生长素就会发挥作用。

这种生长素会让植物向着光的方向生长，以便让植物接受阳光的照射，进行光合作用，为植物提供生长的营养。

相关链接

◎ 缺失阳光的豆芽

豆芽是黄豆芽、绿豆芽、黑豆芽和小豆芽的总称，是我国传统的菜肴。明朝李时珍在《本草纲目》中指出："惟此豆芽白美独异，食后清心养身。"古人赞誉它是"冰肌玉质"、"金芽寸长"、"白龙之须"，豆芽的样子又像一把如意，所以人们又称它为"如意菜"。

豆芽与笋、菌并列为素食鲜味三霸。而豆芽的制作也很简便，古人称"种生"。

豆芽的营养：豆芽含有丰富的维生素C，具有保持皮肤弹性，防止皮肤衰老变皱的功效，还含有可防止皮肤色素沉着，消除皮肤黑斑、黄斑的维生素E，乃养颜之佳品。

一些营养专家和食品专家认为，豆芽所含的叶绿素能够分解人体消化道的亚硝酸胺，有助预防直肠癌的发生，豆芽含有若干强力的抗癌物质，具有意想不到的营养和医疗价值。

用烂水果制造酒精

腐烂变质的水果是不能食用的，只能扔进垃圾箱。但这也真是太可惜了。如果把烂水果做成酒精，倒是一个不错的点子。

 ## 实验前的准备

烂水果、清水、带盖的玻璃容器、料理器或刀具、捣蒜器具、白糖、啤酒、纱布、胶带纸

 ## 实验过程

① 把烂的水果用料理器或刀具粉碎，如果，你没有料理器，也可用捣蒜器将其捣碎做成果酱。

② 把果酱倒入玻璃容器内，以每千克加入20克的比例加入白糖并搅匀。

③ 加入适量的啤酒作酒曲，充分搅匀后，把玻璃容器盖消毒并盖上，用胶带纸封严盖的边缘。

④ 把容器放置于温度8℃～10℃的地方，让其自然发酵，过三四天以后，果酱渣会自然上浮，这时再把果酱渣压下去，两个星期后发酵成功。

⑤ 用纱布过滤，除去果酱渣。

⑥ 重新刷洗玻璃容器，把过滤后的滤液倒入罐内，置于原来的地方，再放置半个月左右，酒精就做成了。

🏠 柯博士告诉你

酒精是一种应用广泛的化工原料，食用酒精是生产酒类的勾兑溶液。用微生物发酵制取酒精是一种常见的方法。

这个实验就是生产酒精或酿酒的常见的方法原理模拟，不过工业化的酒精生产都是现代化的。

相关链接

◎ 酒 精

酒精是一种无色透明、易挥发、易燃烧、不导电的液体，有酒的气味和刺激的辛辣味，因为它的化学分子式中含有羟基，所以叫做乙醇。酒精的沸点78.2℃，它能与水、甲醇、乙醚和氯仿等以任何比例混溶。酒精浓度在75%时，对于细菌具有强烈的杀伤作用。酒精也可以作防腐剂、溶剂等，有极强烈的溶解能力，可实现超临界淬取。由于它的溶液凝固点下降，因此，一定浓度的酒精溶液，可以作防冻剂和冷媒。酒精可以代替汽油作燃料，是一种可再生的绿色能源。

◎ 酒精的医用

药用酒精(乙醇)是医疗单位和家庭药箱的必备药品，不同的用途要求不同的浓度。

95%的酒精医疗单位常用于酒精灯、酒精炉，点燃后用于配制化验试剂或药品制剂的加热，也可用其火焰对小型医疗器械临时消毒。70%～75%的酒精可用于灭菌消毒，包括皮肤消毒、医疗器械消毒、碘酒的脱碘等。

由于酒精具有一定的刺激性，75%的酒精可用于皮肤消毒，不可用于粘膜和大创面的消毒。

40%～50%的酒精用于预防褥疮。护理人员可将少量40%—50%的酒精倒入手中，均匀地按摩患者受压部位，以达到促进局部血液循环、防止褥疮形成的目的。

25%～50%的酒精用于物理退热。可把纱布或柔软的小毛巾用酒精蘸湿，拧至半干，轻轻地擦拭患者的颈部、胸部、腋下、四肢和手脚心。擦浴用酒精浓度不可过高，否则大面积地使用高浓度的酒精可刺激皮肤，吸收表皮大量的水分。

◎ 酒精对人的伤害

进入人体的乙醇不能被吸收。进入血液后的酒精，通过血液进入大脑、肝脏、中枢神经系统等部位，进而会损伤肝脏、神经系统的脏器，严重损害人体的健康。

另外，饮酒还可能造成人的意识不清，引发交通事故及生产安全事故。饮酒对青少年的健康损伤更大，因此，我国法律规定青少年禁酒。

🦋 提取马铃薯淀粉 🦋

　　马铃薯是日常生活的主要食物之一，马铃薯富含淀粉，而淀粉又是我们维持生命的主要营养来源。因而马铃薯受到世界各国人民的欢迎。

🏠 实验前的准备

　　马铃薯若干个、刀或粉碎机、杯子、过滤用纱布、漏斗、水。

🏠 实验过程

　　①把马铃薯洗净、削皮、切成碎末，放入水中浸泡20分钟。

　　②把过滤纱布放进漏斗里，将浸泡有马铃薯碎末的汁液倒入漏斗中过滤，把从漏斗里漏下去的汁液漏进杯子中，除去汁液中的残渣。

　　③将过滤后的汁液静置10分钟，使其淀粉沉淀，然后，将上面的水轻轻倒出。

柯博士告诉你

　　马铃薯含有丰富的淀粉，把马铃薯切碎后泡在水里，淀粉就会从马铃薯碎块中析出，进入到水中。沉淀后，淀粉会沉入水底。

相关链接

◎ 淀　粉

　　淀粉是由许多葡萄糖分子缩合而成的物质。它存在于许多植物的果实、根、茎之中。我们吃的粮食，如：玉米、小麦等谷物里都含有大量的

淀粉；马铃薯、地瓜中也含有大量的淀粉。人们通常用玉米、马铃薯、地瓜提取淀粉，并把淀粉做成粉条或各种食品及食品的添加剂，淀粉还能在制药、造酒、纺织等许多方面大显身手，或作为主要原料，或作为添加剂使用。

◎ 马铃薯羹

准备：从马铃薯中提取的淀粉、清水、果汁或蔬菜汁、筷子、小锅

实验过程

在做好的马铃薯淀粉中加入清水，并用筷子搅动成乳状汁液，加一点果汁或蔬菜汁，使淀粉汁液有你喜欢的颜色。

把淀粉汁液倒入小锅内放到炉火上加热，一边加热一边搅拌，防止锅底焦糊。

注意！用火安全，使用刀具的安全。

用明矾净化水的实验

在农村或偏远没有自来水的的地方，人们往往饮用井水、雨水或河水，但这些水都混有杂物或泥沙。为此，人们想到了一种简易的净化水的方法。这就是过滤和沉淀，我们不妨也做一个实验。

实验前的准备

明矾、井水或河水、两个玻璃杯、小铁锤、筷子。

实验过程

①把井水或河水分别倒入两个杯子中。

②把明矾用小铁锤敲碎，然后放入其中一个杯子中，用筷子搅动这杯水直至明矾全部溶解。

③静待几个小时后观察对比两杯水的状态。

柯博士告诉你

实验结果你可以看到，放入明矾的那杯水已经变得清澈，杯底下有许多沉淀的泥沙等浑浊物；而没放明矾的那杯水依然浑浊。

这说明，明矾可以帮助水中所含不溶解于水的物质向下沉淀，以使水变得清澈。明矾为什么可以使水变得清澈呢？这是因为明矾能和水发生反应产生氢氧化铝，而氢氧化铝可以把水中的浑浊物粘聚在一起下沉。

相关链接

◎ 水的净化技术

一个水处理系统，先从河水里取出大量的水，再到抽水站，接着再把水放入存水库存满，其中会有一部分水因流进下一个水道而变得更干净一些，水变成亮蓝色，再经过细沙过滤器，将把比芝麻还小的残留物过滤掉，然后再到沙滤将碎纸片小的残留物也过滤掉，就成为干净可饮用的水了，水从搅动站再到抽水站、蓄水池再通过管道一直送到各家各户。

水的净化在城市的自来水厂是比较简单的。一般就是沉淀、简单过滤、消毒。这几个步骤或者多重复几次。它的目的只是去除大部分污染物，杀死病菌，一般来说是可以直接饮用自来水的。

改变花的颜色实验

在一般情况下我们认为，人往高处走水往低处流，但有时水也可以流向高处。做一个实验使花改变颜色，你就可以知道，植物的生长是需要水的，而它是从地下通过根部吸收水分，并通过植物的茎输送到植物的全身的。

实验前的准备

两枝带有茎和叶的白颜色的花、蓝墨水或其他颜色的色素、两只饮料瓶制成的杯子、茶杯。

实验过程

① 将杯中注入适量的水，并滴入两滴蓝墨水，也可以滴入其他颜色的色素。

②把每一枝花的茎剪成一样的长短，并把根修齐。小心地将一枝花的花茎剪开到花萼处，放入第一个杯子中。

③把有完整花茎的那枝花放在第二个杯子里。

④一个小时以后观察它们，这时的花朵开始改变颜色，它们吸收上来彩色的水，沿着花茎向上移动到达了花瓣。

柯博士告诉你

取出枝条，用刀片横向切下一段，可以看到截面上出现的一些蓝色细点，把茎纵向切开就可以看到一些蓝色的线，这叫维管束。植物的茎就是通过维管束来输送水分和养料的，由于植物的叶片有蒸腾作用，从叶片把水分散失出去，维管束不断地把根部从地下吸收的水分，再输送到叶子里。

把带花枝条插入蓝墨水中，由于叶片和花瓣

的蒸腾作用，蓝色墨水就会自下而上逐渐延伸到
叶脉和花瓣中。

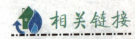
相关链接

◎ 鲜花为什么五颜六色？

　　绿色的植物铺满了大陆，五彩的花朵镶嵌在
其中，我们的家园才如此生气勃勃、美丽无比。
为什么植物的叶子大都是绿色的，而鲜花却是五
颜六色的呢？这是因为花朵的花瓣细胞中存在着
不同的色素的缘故。

　　如果花瓣中的细胞中含有花青素，那么花瓣
就呈现红色、紫色或蓝色。如果花瓣的细胞中含

有类胡萝卜素，那么花瓣就呈现黄色、浅黄色、橙红色；如果花瓣的细胞中含有气泡较多，那么花瓣就会是白色的。自然界最常见的是白色、黄色和红色的花朵，因为这三种颜色的花瓣能反射阳光中光波长、色温高的光，能保护花朵不受过多的阳光照射而遭到伤害。

自然界里黑色的花极少见，因此也就显得珍贵。如：黑牡丹、墨菊、黑郁金香等都是名贵的花。

烟火的秘密

过节时人们都用各种方式进行庆祝，燃放焰火就是各国普遍的庆祝方式之一，五彩缤纷的焰火是怎么回事呢？

焰火是利用金属或盐，在受热或燃烧时发出光焰的现象制造的。

实验前的准备

蜡烛、火柴、镁粉、蔗糖、食盐、硫磺粉、盘子、蜡台、汤匙、清水。

实验过程

① 把蜡烛插上蜡台，然后放到盛一层清水的盘子里，点燃蜡烛。

② 用汤匙把镁粉撒向蜡烛火焰处，观察火焰的变化。以此再向火焰处撒蔗糖、食盐、硫磺粉等，观察火焰燃烧蔗糖等发出的光焰。

柯博士告诉你

不同的金属或盐在遇热或燃烧时，会发出颜色不同的光。如：镁粉在燃烧时发出耀眼的白光，蔗糖燃烧时发出蓝色的光，食盐燃烧时发出黄色的光，硫磺粉燃烧时发出绿色的光。

相关链接

◎ 五彩缤纷的烟花

烟花又称烟火、焰火，我国是烟花发明较早的国家，主要用于军事上、盛大的典礼或节日表演中。

烟花的颜色是由于不同金属灼烧，发出的不同颜色的光焰造成的。使用不同金属或盐就能产生不同效果，发出不同颜色的光芒。制作烟花的人经过巧妙的排列，决定燃烧的先后次序。这样，烟花引爆后，便能在漆黑的天空中绽放出鲜艳夺目、五彩缤纷的烟花了。

◎ 燃放烟花

我国有在节假日燃放烟花的习惯，如：春节、元宵节是人们燃放烟花的节日，全国城乡到处都燃放烟花。燃放烟花营造了欢乐的节日气氛，但是，每年的这个季节都有数以千百计因燃放烟花而发生的伤人或火灾。甚至有许多人致残或失去了生命。而且过量地燃放烟花还会引起环境污染。

所以，请你一定要少燃放烟花，并注意燃放烟花的安全。

集体燃放烟花、定点燃放烟花的形式比较好。

植物细胞的作用

除病毒外的所有生物，都由细胞构成。自然界中既有单细胞生物，也有多细胞生物。细胞是生物体基本的结构和功能单位。

植物体内的细胞也是功能单位，做个实验可以看出植物细胞的一项基本功能。

实验前的准备

两个生土豆、白糖、小刀、盘子、水。

实验过程

① 把其中一个土豆放在水里煮几分钟。

② 然后把两个土豆的顶部和底部都削去一片，分别在各自的顶部中间

挖一个洞。

③在每个洞里放进一些白糖，然后分别把它们直立地放在有水的盘子里，经过几个小时以后，生土豆的顶部洞里充满了水，而熟土豆的顶部洞里仍然是白糖颗粒。

④尝一尝，盘子里的水是否有甜味。

柯博士告诉你

生土豆的细胞是活的，它好像一个通道，能够使水分子通过，使盘中的水经过土豆壁渗入洞中；而煮过的土豆细胞已被破坏，所以没有渗透功能，因此，盘中的水不会渗透进已死亡的细胞里，更不会通过细胞上升到顶部的洞中。

尝尝盘中生土豆的水，是没有甜味的。为什么生土豆里的糖水没进到盘子里，秘密在细胞膜上。土豆的细胞膜好像筛子一样，只允许小于筛子孔的颗粒通过，大于筛子孔的颗粒就不能通过，白糖的分子比较大，通不过细胞膜，所以，盘里的水就不甜。

相关链接

◎ **嫁接技术**

嫁接是在果树、林木、蔬菜等生产中常用的一种技术，这种技术就是利用植物的细胞有自我修复功能的特性，把两个不同植株的植物接在一起的技术。

嫁接出的新植株能保持接穗品种的优良性状，达到早结果、增强抗寒性、抗旱性、抗病虫害的能力，还能利用繁殖材料，增加苗木数量。

嫁接对一些不产种子的果木（如柿，柑橘的一些品种）的繁殖在育苗上更具重大意义。

分子运动现象的实验

　　科学研究证明，自然界的物质都是由极小极小的微粒组成的，这极小的微粒就是分子，分子有个特性，它永远不停地做无规则的运动。不过，我们用肉眼是看不见的，也是觉察不到的。做个实验你会看到分子运动的现象，当然，虽然分子小到我们肉眼看不见，但它却不是最小，还有比它更小的微粒。

实验前的准备

　　试管、酒精、清水、记号笔。

实验过程

　　① 先往试管里倒入半管清水，再慢慢地向试管里倒入酒精。

　　② 然后用记号笔在试管上画一个记号。

　　③ 用手指堵住试管口，把试管倒过来，这时清水在上面，而酒精在下面。因水的密度比酒精大，上面的清水就会往下沉，下面的酒精就会向上升。

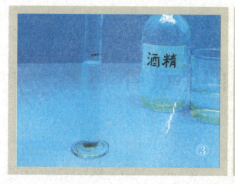

④ 过一会儿酒精和清水就混合在一起。仔细观察，瓶子里的酒精和清水已经不在刻度线的位置了，而是在刻度线下方。

柯博士告诉你

酒精和清水都是由许多分子组成的，并且分子和分子之间都有许多空隙，如果把酒精和清水倒在一起，酒精的分子就会跑到水的分子之间的空隙处，水的分子也会跑到酒精分子之间的空隙处，就好比芝麻和花生混杂在一起，芝麻都会夹在花生之间的空隙里。

相关链接

◎ 腌 蛋

外壳完好的鸡蛋、鸭蛋或鹅蛋埋入食盐中，或放在盐水里腌制一段时间，可以制成一只咸蛋。虽然蛋壳仍然完好，但连内部的蛋黄都变咸了，这是盐的分子进入到了蛋中的原因。

自动上升的小试管

一个小试管装进了一个大试管内，只要拿起大试管，就可以连同小试管一起拿起，不必担心小试管会掉出来。

如果，把这两个试管倒过来，你再拿大试管，你稍不注意，小试管就会从大试管中掉出来，这是因为小试管在自身重力的作用下，会垂直下落。

如果，改变一下方式，结果会不一样。做个实验试试。

实验前的准备

两个一大一小的试管（大的试管较长，小的试管较短，大的试管的外径比小的试管外径大2—3毫米）、水。

实验过程

① 在大试管中注入3/4的水。

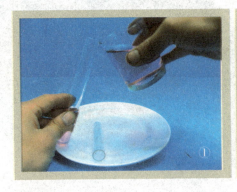

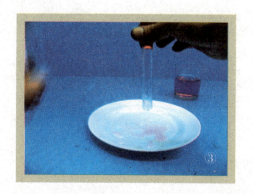

②并将小试管插入大试管内，让小试管口高出大试管口。

③用手分别握住大、小试管，同时迅速将两个试管颠倒过来。随后，只握住大试管放开小试管。

柯博士告诉你

当你放开握住小试管的手时，小试管已是管口冲下，大小试管之间还有清水。但是，小试管不会从大试管中滑下来，而是慢慢地在向上升，一步步地进入大试管里。

这就奇怪了，小试管为什么不掉出来呢？这是因为小试管受到的力造成的。

小试管受到了三种力，一是小试管向下的重力，这种力可以使小试管往下掉；二是因为小试管是空的，那么当它倒过来时，小试管底部已朝上，所以小试管底部受到向上的大气压力；三是小试管装进了大试管内，并且倒了过来，这时小试管底部已朝上。那么底部变成了"顶部","顶部"受到大试管内水的向下压力。

　　小试管受到的大气的压力，远大于小试管受到的重力和水的压力之和，所以，小试管被大气压力压进了大试管内。

 相关链接

◎ **不断变化的气压**

　　大气压力是不断变化的，有许多因素能够引起大气压力的变化。

　　由于大气的质量愈靠近地面愈密集，愈向高空愈稀薄，所以，气压是随大气高度而变化的。海拔愈高，大气压力愈小；海拔愈低，大气压力愈大；在同一地区，山上的气压比山底下的气压高些。因而通过测量气压就可以测量高山的海拔高度。

　　气压无时无刻不在变化。大气压力的变化是影响气象变化的主要因素，观察测量大气压力是气象研究的主要对象。

　　在通常情况下，每天早晨气压上升，到下午气压下降；每年冬季气压最高，每年夏季气压最低。但有时候，如在一次寒潮影响时，气压会很快升高，但冷空气一过气压又慢慢降低。

叶能蒸发水分的实验

　　嫩绿的植物叶子，构成了植物世界绿色的主调。叶子是植物的重要器官，它接受光照进行光合作用，为植物提供养料。同时，叶子又能进行呼吸，它又通过叶子的蒸腾作用，排出植物体内的水分，所以，绿色植物多的地方，空气的湿度适宜，令人心旷神怡，植物的叶子蒸发水分可以通过实验看得更清楚。

实验前的准备

　　油菜、凡士林、纸板、棉线。

实验过程

①把纸板剪成硬币大小的标牌，并写上一、二、三、四号码。

②在一株油菜上剪取四片大小相同的叶片,把叶柄的切口分别涂上凡

士林。再把 一、二、三、四号码标牌分别拴在4片叶片上。

③首先把一号叶片上下表面都涂上凡士林。

④把二号叶片的上表面涂上凡士林；把三号叶片的下表面涂上凡士林。

⑤剩下第四号叶片不涂凡士林。

⑥最后用带牌号的线拴住四片叶子的叶柄挂在通风的地方。过两三天以后观察叶子的状态。

🧪 柯博士告诉你

过两三天后，一号叶片颜色鲜绿，就好像刚刚从油菜茎上剪下来一样。因为一号叶片上下表面都涂上了凡士林，所以，叶片中的水分不能蒸发，因此叶片颜色鲜绿。

二号叶片，只在叶片上表面涂了凡士林，所以叶片枯黄了。三号叶片，凡士林只涂在下表面，叶片鲜绿如新。二号和三号两片叶，因为涂凡士林的表面不同，所以就出现了很大的差异。这说明叶片的上下两面蒸发水分不一样。

四号叶片没有涂凡士林，整个叶片已枯黄萎缩了。一号与四号叶片差异就更大了。叶片没有涂凡士林，就没有阻挡水分的屏障，因而水分几乎都蒸发了，所以叶片枯萎了。

相关链接

◎ 森林的蒸腾作用

广袤的森林有数不尽的树木，有着数不尽的树叶，这些树叶都有蒸腾作用。因此，森林的蒸腾作用大极了。

森林的蒸腾作用，对自然界水分循环和改善气候都有重要作用。据有关资料表明，一公顷森林每天要从地下吸收70—100吨水，这些水大部分通过茂密枝叶的蒸发而回到大气中；其蒸发量大于海水蒸发量的50%，大于土地蒸发量的20%。因此，林区上空的水蒸气含量要比无林地

上空多10%到20%；同时水变成水蒸气要吸收一定的热量，所以大面积森林上空的空气湿润，气温较低，容易成云致雨，增加地域性的降水量。广东省雷州半岛建国以后造林24万公顷，覆盖率达到36%，改变了过去林木稀少时的严重干旱气候。据当地气象站的记载，造林后的20年中，年平均降水量增加到1855毫米，比造林前40年的年平均降水量增加了31%，蒸发量减少75%，相对湿度增加了1.5%。

青草可以降温的实验

青草在城乡、山野随处可见，几乎到处都可以见到它们的踪迹，它有顽强的生命力，并且，在默默无闻地为生态环境做出自己的贡献。它也像其他绿色植物一样，叶子的蒸腾作用为我们带来夏日的一丝清凉。

实验前的准备

泥土一盆（脸盆）、杂草和苔藓植被（25平方厘米）、塑料杯两个、温度计两个。

实验过程

① 透明塑料杯底打孔，插入温度计，温度计插入杯内两厘米处（两套）。

②把盆内装上土，然后，移栽半边杂草和半边苔藓。

③把带有温度计的塑料杯，分别罩在盆中的杂草和苔藓的上面。

④放在阳光下，五分钟后，看一下温度计，两者的差异有多大。

柯博士告诉你

杂草有许多绿叶，而绿叶能蒸腾挥发水分，这些水分在空气中可以降低气温，所以，罩在青草上面的杯子里的气温低一些。

相关链接

◎ 草坪可以降温保持空气湿度

因为植物的叶子可以蒸发水分，所以在绿色植物多的地方就形成了地域性的小气候，这里的空气温度很适中。而在高楼林立，沥青马路旁边，这里的空气温度就会高一些。

绿化我们的家园，爱护我们的草坪吧。

铁器生锈的实验

铁是我们常见的金属，好多的机器、日常生活用品都是用铁制作的，不过铁在常态下也有个缺点，那就是容易生锈，生了锈的铁器就会失去光泽，同时也可能因此而失去了使用功能。

实验前的准备

饮料瓶、铁丝、蒸馏水、钢丝钳、砂纸。

实验过程

① 将铁丝用钢丝钳剪成10厘米长，共四段。

② 用砂纸磨光铁丝。

③ 把剪断的铁丝装入饮料瓶中，然后，加入蒸馏水，使瓶中的蒸馏水位约有5－6厘米高。

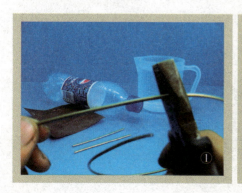

④ 盖上瓶盖，放置于潮湿的地方，每天观察铁丝的状态，并做记录。

柯博士告诉你

几天以后，饮料瓶变得瘪了，瓶中的水也逐渐变黄，水中的铁丝开始生锈，最先生锈的部位是铁丝水面附近，之后，整根铁丝渐渐地都生锈了。这说明，铁生锈是和水及空气有关，原来铁生锈是一种化学反应，这种反应是水和空气中的氧和铁的反应。

相关链接

◎ 防锈蚀的方法

人们为了防止铁器或铁制的机械生锈，根据铁生锈的原因找到了许多的方法。

最早的防锈方法是，在铁制品表面涂矿物性油、油漆或包裹上防锈纸，这些浮在铁器外部的一层涂层或包装，就像给铁器穿上了防锈衣一样，隔绝铁器和空气的接触，这样铁器就不易生锈了。

以后，人们或在铁制品的表面烧制搪瓷、喷塑等，还有为铁器进行电镀等方法，这也是利用隔层隔绝铁器与空气接触的方法。

人们还想了改变铁内部的结构，以防止生锈，这就是人们把铬、镍等金属加入普通钢里制成不锈钢，这种不锈钢大大地增加了钢铁制品的抗生锈能力。

火焰除电

做静电实验的时候，往往需要使物体不带电荷，以免原先带有的电荷影响实验的效果。如何在不损坏物体的前提下，使原来物体上带有的残剩电荷全部消失呢？请做下面这个实验。

实验前的准备

塑料尺、毛皮、验电器、蜡烛、火柴。

实验过程

①将塑料尺与毛皮摩擦，用验电器去检验塑料尺，会发现塑料尺带了电。拿金属板与尺接触一下，用验电器再检查塑料尺，塑料尺仍旧有残剩电荷。

② 把蜡烛点燃，将塑料尺在火焰上方掠过（不要停留，以免被火焰烧坏）。

③ 再用验电器检验，可发现尺上的残剩电荷消失了。

柯博士告诉你

火焰能消除静电，是由于火焰的高温能使空气电离，其中的一种离子与尺上的电荷中和，因此尺上不再带电。

相关链接

◎ 去除静电小妙招

由于空气干燥，人体皮肤与衣服、衣服与衣服之间经常摩擦，便会产生静电，特别是皮、毛质地的衣物，产生静电会更多。而家用电器、电脑等电器产生的静电也会被人体吸收并积存起来，等待机会"放电"。过多的人体静电也会损害身体健康。

所以，我们应该注意防静电，这里有几个防静电小妙招，不妨你也留心一下，或许对你有好处。

（1）一般当空气的相对湿度低于30%时，有利于摩擦产生静电。因此，在这种天气里，特别是在有暖气的房间里，使用加湿器调节空气湿度，或在家里洒些水，不便弄湿地板的地方，放置一两盆清水，使室内空气的相对湿度达到45%以上，就不易产生静电了。

（2）尽量不要穿化纤质地的内衣裤，尽量穿纯棉内衣裤，以减少静电的产生。

（3）电视机不能摆放在卧室内，因为电视机工作时，荧屏周围会产生静电微粒，这些微粒又大量吸附空中的浮尘，这些带电飘尘对人体及皮

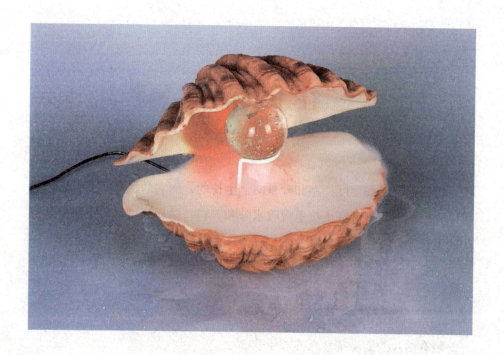

肤有不良影响。人们看电视时，同电视机保持2 – 3米距离，看完之后要洗脸、洗手，消除静电。

（4）勤洗澡、勤换衣服，能有效消除人体表面积聚的静电荷。

（5）当头发由于静电无法梳理时，将梳子浸在水中，等静电消除之后，便可随意梳理了。

（6）休息时，不妨把鞋脱下，有利于体表积聚的静电释放。

（7）穿旅游鞋容易使身上的静电积蓄。因为，旅游鞋底一般都是绝缘物质制成的，身体上的静电无法由脚底排除而积蓄。因此，容易产生静电的人尽量不要穿旅游鞋。

往下长的根

植物都有根和茎叶，茎和叶是向上生长的，而它的根却向下生长，根可以固定植株，根又在土壤里吸收水分和养料，输送到植物的全身，供植物的生长发育。

实验前的准备

装有湿沙的简易花盆、玉米种子。

实验过程

① 将玉米种子放在湿沙土层上，保持适宜的温度和湿润的条件，待种子发芽生长。

② 待种子长出1—2厘米的根时，选出两株，将其中一株玉米根的尖端切去，并将它们的根沿水平方向放置。

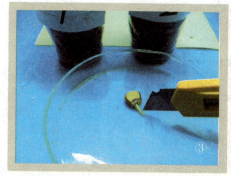
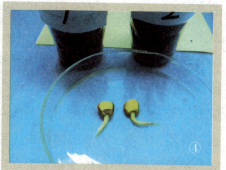

③ 几天后会发现，没有切除根尖的根自动向下生长，而切去根尖的根似乎迷失了方向，径直沿水平方向生长。

柯博士告诉你

植物的根有向地性，就是说它能"感觉"到重力的刺激，所以水平放置的根会自动向下生长，感受和控制根的这种特性的"司令"在根冠，根冠根据重力的方向变化而分泌生长素来控制根的弯曲方向。因此，根冠一旦被切除，根就不再向下生长了。

相关链接

◎ 植物的贮藏根

贮藏根是植物的一种变态根。

根的一部分或全部因贮藏营养物质而肉质肥大，是植物最常见的变态根。依据其来源及形态的不同又可分为肉质直根和块根。肉质直根主要由主根发育而成，一般同连接其上的肥大的下胚轴共同构成一个肉质结构，例如胡萝卜、萝卜、甜菜等，其肉质部分可以是韧皮部，也可以是木质部，形成的形状各异，如白芷、党参的圆锥根，黄芪、甘草、丹参的圆柱根，芜青的圆球根等。块根一般是由侧根或不定根发育而成，形状往往不规则，多为纺锤形或块状。一个植株常可形成多个块根，如甘薯、何首乌、三七、天冬、麦冬等。

❧ 生 态 瓶 ❧

池塘群落是个非常和谐的地方，是一个生态系统，池塘里的鱼虾青蛙等，即使不给它们喂食物，它们也可以生活很长时间。我们做成一个奇特的生态瓶，让一些小的池塘生命在这个生态瓶中生长。

实验前的准备

一个大可乐瓶、一些小石子、一些水草、几条小鱼、小虾、沙子、刀。

实验过程

① 把水放入桶里困几天，获取干净的河水。

② 把沙子、石子洗净备用。

③ 把可乐瓶下 1/5 处切开一个 6 厘米的刀口，把刀口上面部分推进

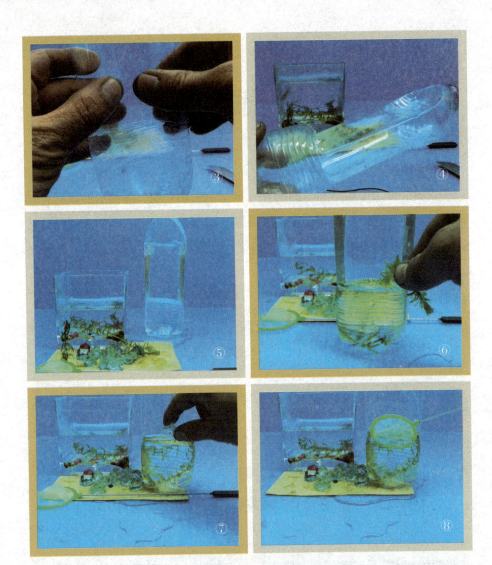

去，瓶口拧紧，快速从刀口灌满水，立起，动作
要快。水就悬在上面了。

　　④轻轻地把小石子、沙子、水草、小鱼和小
虾从刀口处放入瓶中，就制成了大气压力生态
瓶，你可以在开口处喂鱼和虾，上面还有水，非
常有趣。

柯博士告诉你

　　这生态瓶里就是一个小的生态系统，这里有水草可以吸收小鱼排出的二氧化碳气体，水草在阳光的照耀下，可以制造出氧气，氧气进入水里供小鱼呼吸。小鱼的排泄物正好是水草的养料，因而这个瓶子里的小鱼和水草，完全可以生活一个阶段。

相关链接

◎ 生态系统

　　生态系统是英国生态学家于1935年首先提出来的。生态系统指在一定的空间内生物成分和非

生物成分通过物质循环和能量流动相互作用、相互依存而构成的一个生态学功能单位。

它把生物及非生物环境看成是互相影响、彼此依存的统一整体。生态系统不论是自然的还是人工的，都具有下列共同特性：

（1）生态系统是生态学上的一个主要结构和功能单位，属于生态学研究的最高层次。

（2）生态系统内部具有自我调节能力。其结构越复杂，物种数越多，自我调节能力越强。

（3）能量流动、物质循环是生态系统的两大功能。

（4）生态系统是一个动态系统，要经历一个从简单到复杂、从不成熟到成熟的发育过程。

（5）生态系统是由生物群落和它的无机环境

相互作用而形成的统一整体。

（6）生态系统概念的提出为生态学的研究和发展奠定了新的基础，极大地推动了生态学的发展。生态系统生态学是当代生态学研究的前沿。

◎ 生物圈2号

1986年，美国人巴斯为了扩展人类新的生存空间，出资两亿美元在美国亚利桑那州的沙漠区动工兴建了世界瞩目的生物圈2号。1991年9月26日，来自世界各地的8位志愿者参与了生物圈2号的实验计划。计划设计在密闭状态下进行生态与环境研究，帮助人类了解地球是如何运作的，并研究在仿真地球生态环境的条件下，人类是否适合生存的问题。

生物圈2号占地面积约1.27公顷，体积容量

达20多万立方米。其主要是由玻璃帷幕和钢架所构筑的仿真生态群系，包括热带雨林、稀树草原、沼泽地、海洋、沙漠等五类荒野生物群带，以及人类的农田、微型城市及技术圈等三种人造地区。生物圈2号为一个密闭系统，其中大约涵纳了大气（170 000立方米）、淡水（1 500立方米）、咸水（3 800立方米）、土壤（17 000立方米）、生物（3 800 — 4 000种），以及人类（四男、四女）等重要组成。在生物圈2号中的微城市的内部设计中，配置了：实验室、医疗设备、厨房、寝室、餐厅、健身房、盥洗设施，以及图书室及观察室等。这种温室型的实验室，其运转所需的能源，主要是靠太阳能和外部供输的电力。具备密闭生态实验室中空气热胀或冷缩的调节功能。

　　最初，生物圈2号实验目的是研究人类及多种生物（植物和动物），在密封且与外界隔绝的人造系统中，是否可以经由系统内的空气、水、营养物的循环与重复使用下，能够健康、快乐地生存下来。在1991年至1993年的实验中，由于研究人员发现：生物圈2号的氧气与二氧化碳的大气组成比例，无法自行达到平衡；生物圈2号内的水泥建筑物影响到正常的碳循环；多数动植物无法正常生长或生殖，其灭绝的速度比预期的还要快。经大家讨论，确认生物圈2号的实验失败，未达到原先设计者的预定目标，这证明了在已知的科学技术条件下，人类离开了地球将难以生存。同时证明，地球仍是人类唯一能依赖与信赖的维生系统。

空中点烛

　　蜡烛为什么会有一个棉线做的蜡芯呢？你不一定能回答出来，蜡烛在燃烧时先在高温下熔化成蜡油，蜡油再气化成气体后燃烧。下面的实验就能说明这个道理。

实验前的准备

　　蜡烛、火柴。

实验过程

　　① 点燃蜡烛，观察蜡烛燃烧。燃烧一会儿的蜡烛顶端烧成了杯状，杯状内有一些燃熔了的液状蜡油。

①

②

③

②将点燃的蜡烛吹灭。吹灭后的蜡烛冒出了青烟。

③立即用火柴点燃刚刚熄灭后蜡烛冒出的青烟时，蜡烛会立刻燃起火焰。

柯博士告诉你

点燃蜡烛后，可看到蜡烛顶端的蜡慢慢熔化，蜡烛顶端明显地烧成了杯状，在这个杯状中盛着熔成液状的烛油。然后，烛油沿着烛芯爬升上去，在烛芯上端达到燃点而烧起来，在燃烧产生的热量的作用下，烛油会汽化成"青烟"。显然，"青烟"就是蜡的气体状态，所以当你再次点燃这股"青烟"，"青烟"自然就会燃烧起来。

相关链接

◎ 城镇生活用燃气

在城镇用于生活的燃气是一种清洁的能源，因各地的情况不同使用的燃气也不是一样的，有

　　煤气、天然气、液化石油气等多种。以煤为原料加工制得的含有可燃成分的气体，就是煤气。燃煤通过一系列技术处理，就会得到煤气及一些副产品，把煤气通过管道输往用户，就可以用来加热食物或用于生产。

　　在油田气、气田气、煤层气、泥火山气等开采出来的可燃性气体也可用作人们生活用燃气，天然气是一种多种成分的混合气体，主要成分是烷烃。天然气有许多用途，也是生活用燃气的一种。

　　液化石油气是石油在提炼汽油、煤油、柴油等油品过程中剩下的一种石油尾气，通过一定程序，对石油尾气加以回收利用，采取加压的措施，使其变成液体，装在受压容器内，用于城镇居民生活用气。

　　燃气的使用必须遵守严格的操作程序，必须注意安全，因为燃气的泄露会发生爆炸，引起火灾。

再现指纹

指纹长在人类手指末端指腹上，由凹凸的皮肤所形成的纹路。由于人的遗传特性，虽然指纹人人皆有，但各不相同。目前尚未发现有相同的指纹，所以每个人的指纹也是独一无二的个体特征。由于指纹有这种特征，因而，在个体认定方面有重大的意义，近百年来常用来作为个体认定，比如，在侦破案件中认定罪犯。

伸出你的手，我们做一个关于识别指纹的实验。

实验前的准备

碘酒、剪好的易拉罐小盒、蜡烛、白纸、火柴。

实验过程

① 在白纸上印上指纹。

②看一看白纸上并没有指纹的印迹。

③将少量碘酒放进剪好的易拉罐小盒里。

④点燃蜡烛加热装有碘酒的小盒，将印有指纹一面的白纸对着小盒。

⑤过一会儿，纸上就显现出浅色的指纹。

柯博士告诉你

　　纸上为什么会显出指纹来呢？原来，人的皮肤表面总有些油脂，这些油脂对皮肤起保护作用。

　　当手指肚按到纸上，油脂就被纸吸收，由于皮肤表面的指纹是凹凸不平的，所以，低的地方油脂多一些，高的地方油脂就少些。因此，油脂在纸上分布也同样是不均匀的，而是因指纹上油脂在纸上的分布情况完全反映了指纹的信息。

碘酒受热时会变成气体，气体受冷时又会直接变成固体，它在油脂里极易溶解，于是纸上就出现颜色深浅不一的指纹。

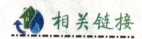 相关链接

◎ 指　纹

人的指纹分为几种类型。有同心圆或螺旋纹线，看上去像水中漩涡的，叫斗形纹；有的纹线是一边开口的，就像簸箕一样，叫箕形纹；有的纹线像弓一样，叫弓线纹。每个人的指纹除形状不同之外，纹形的多少、长短也不同。据说，全世界几十亿人中，还没有发现两个指纹完全相同的人呢。指纹是在胎儿六个月左右形成的，并且保持终生不变。

指纹能使手在接触物件时增加摩擦力，从而更

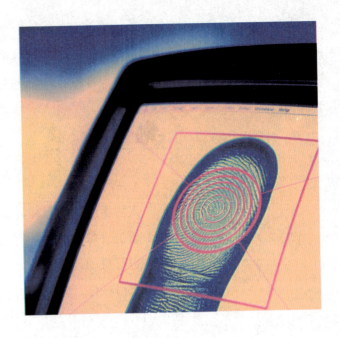

容易发力及抓紧物件。是人类进化过程中自然形成的。

◎ 指纹识别技术

由于近几十年来，光学技术、激光技术、计算机技术的发展，为生物识别技术的发展提供了前提，因而生物识别技术得到了飞速的发展，并在许多领域得到了广泛的应用。其中利用人的指纹识别技术已经进入了我们的生活，例如：在侦破犯罪案件中的鉴定、在确认个人的身份识别、或者在各式各样的指纹锁等方面的应用都有准确、方便的特点。

指纹锁可以安装在居室的房门上，安装在计算机上，安装在保险箱上，安装在汽车上等等。

突破不了的网

　　由铁丝编织成的铁网，可以做成筛子用来筛沙子，筛子可以筛除混在沙子里的小石块、草棍、树枝等杂物，而沙子却可以穿过铁网。如果，点燃蜡烛，蜡烛的火焰却不会穿过铁网，你可以通过实验体会一下。

 实验前的准备

　　铁丝网、蜡烛、火柴。

 实验过程

　　①点燃蜡烛，把蜡烛放在铁网的下方。

　　②让火焰慢慢接近铁网，直至蜡烛的火焰接近铁网，这时你会看到火焰的顶端在接近铁网时，便停在了网下，如果，你继续往上移动蜡烛，蜡

烛的火焰还是不会穿过铁网，火焰就像被铁网斩断一样。

柯博士告诉你

　　铁网是用热的良导体铁丝编制而成的，当火焰接近铁网时，铁网会很快把火焰的热量传导散失，这就使火焰的温度急剧降低。当火焰上端接近铁网时，火焰上端的温度就会因铁网导热散失热量而降温，火焰上端降至焰点以下时，燃烧物就会停止燃烧，因此火焰的上部就像被斩断一样，不会突破这张铁丝编成的网。

　　注意！使用火的安全，做这个实验应该有家长或教师在场。

相关链接

◎ 冷却灭火法

　　一旦发生火灾，我们就会看到火红的消防车飞奔向火灾现场。人们习惯地称消防车为"水车"，这是因为所谓的"水车"，大多都装满了清水的原因。

　　灭火的主要方法就是降低火焰的温度，这种灭火法的原理是将灭火剂直接喷射到燃烧的物体上，以降低燃烧物的温度于燃点之下，使燃烧停止。或者将灭火剂喷洒在火源附近的物质上，使其不因火焰热辐射作用而形成新的火点。

　　冷却灭火法常用水和二氧化碳作灭火剂，对燃烧物进行冷却降温灭火。灭火剂在灭火过程中不参与燃烧过程中的化学反应。这种方法属于物理灭火方法。

模拟云的形成实验

自然界水的循环有一个十分重要的环节，那就是陆地、海洋中的水蒸发变成气态升到天空，在高空中遇冷又形成液态的水滴，并聚集在一起，这就是我们见到的云。

实验前的准备

冷水、剪刀或锥子、火柴、吸管、橡皮泥、玻璃瓶（带可旋转盖）。

实验过程

① 在瓶盖上戳个洞，在洞中插入吸管，并用橡皮泥将吸管周围密封。

② 在瓶子中倒入一些冷水，摇晃均匀，然后把水倒出来。

③ 靠近瓶口，点燃一根火柴。吹灭火柴，把冒烟的火柴扔进瓶子中，让烟进入瓶子。

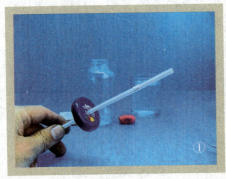

④迅速拧紧瓶盖，通过吸管向瓶子中用力吹气。

⑤停止吹气，用手堵住吸管，使空气留在瓶中。

⑥松开吸管，当空气冲出瓶子时，瓶子中就产生了云。

柯博士告诉你

往瓶子中吹气，使瓶中的空气压缩，气压增大，松开吸管后气压下降，空气变冷了。

瓶子中的水蒸气变冷后附着在烟中的尘粒上，凝结成水滴，许多的小水滴就形成了云。

 相关链接

◎ 人工增雨

在20世纪40年代，人们就可以用飞机撒播、火炮发射等方法进行人工作业，以增加降水量。这就是人工增雨，这一人工降雨技术现已十分成熟，在我国东北、西北、内蒙古等干旱省区已广泛地应用。

云是空气垂直运动的结果，随着空气的上升，地面的水汽也被夹带着一起上升，在这个过程中，一部分水汽蒸发掉，一部分则升入云中，冷却而凝成为云中水汽的一部分。高空的云是否下雨，不仅仅取决于云中水汽的含量，同时还取决于云中供水汽凝结的凝结核的多少。即使云中水汽含量特别大，若没有或仅有少量的凝结核，水还是不会充分凝结的，也不能充分地下降。即使有的小水滴能下降，也终会因太少太小，而在降落过程中途蒸发。基于这一点，人们就想出了一个办法，即根据云的情况（性质、高度、厚度、浓度、范围等），分别向云体播撒致冷剂（如干冰等）、结晶剂（如碘化银、碘化铅、间苯三酚、四聚乙醛、硫酸亚铁等）、吸湿剂（食盐、尿素、氯化钙）和水雾等，以改变云滴的大小、分布和性质，干扰空中气流，改变浮力平衡，达到降水之目的。

高空的云有暖型云（云内温度在0℃以上）和冷型云（云温度在0℃以下）。对冷型云的人工增雨，常常是播撒致冷剂和结晶剂，增加云中冰晶浓度，以弥补云中凝结核的不足，达到降雨的目的；对暖型云的人工增雨，则通常是向云中播撒吸湿剂和水雾，加强云中碰并，促使云滴增大。

人工增雨最理想的天气是作业区上空有水汽含量较丰富的积状云，且云层较厚，云顶高度在6 100 — 12 200米之间，地面有小于10公里／小时的微风。

现在人工增雨的方法多种多样，有高射炮、火箭、气球播撒催化剂法，有飞机播撒催化剂法，还有地面烧烟法。

不同水杯的保温实验

　　不同材质做成的不同容器，保温的效果是不一样的，因此，夏天时常用铝匙喝绿豆汤，而喝热汤时往往用陶瓷汤匙，而不用铝汤匙，因为，用铝汤匙会烫嘴。

 实验前的准备

　　一个带盖的塑料杯、一个耐热的带盖玻璃杯，一个带盖的陶瓷杯、一个带盖的铝制杯子、热水。

实验过程

　　① 把塑料杯、陶瓷杯、玻璃杯、铝杯，同时倒入同量的热水。

　　② 过半个小时后，用温度计测量每个容器里的温度。比较每个杯子里

的水温。

　　因为制作这些容器的材料，导热的效率不一样，导热性能好的材质，就会因导热效率高而散失热量多，而导热性能差的材质，就会因导热效率低而散失热量较少，所以，这些容器里的水温是不一样的。陶瓷杯里的水温最高，因为陶瓷这种材质是热的不良导体，杯子里的水通过陶瓷散热较少，而铝杯子里的水温最低，因为铝是热的良导体，水温通过铝杯子导热比较快。

相关链接

◎ 城市供热系统室外输送管道的保温

　　在寒冷的冬季，我国北方城市都要利用供暖设备向千家万户供暖，以提高室内的温度，度过严寒的冬季。城市的供暖系统就是一套输送热能的系统。

　　这套系统包括热源、热能输送的管道、泵站及各户的散热片等。

　　供热系统的热源一般是热电站、锅炉及太阳能供热系统等，从热源输送出来的热水经过管道，送向了千家万户，在各户热水中的热能又通过散热片施放到室内，以提高各户的室内温度。为了尽量减少热能在输送过程中的损失，管道都利用热传导差的隔热材料包裹，也就是做了保温处理。

◎ 保温杯和保温瓶

保温杯和保温瓶是弟兄两个，保温杯是从保温瓶发展而来的，其保温原理是一样的，只是人们为了方便把瓶做成杯而已。

热能的传播有三种途径：辐射、对流和传导。保温杯或保温瓶的壁是由双层玻璃做成的瓶胆，双层玻璃中间为真空状态并镀银或铝。

因真空的杯胆几乎不导热，银色的杯胆能反射热水的辐射，杯胆和杯身的真空能阻断热力的传导，而不易传递热量的瓶子能阻止热水散热。

它的盖子一般用导热性较差的木块或塑料制作。这样，保温瓶或保温杯，就会使盛装的热水散热的速度大大减缓。

◎ 电冰箱的保温

家用电冰箱是保存食品的家电商品，冰箱的外壳的夹层有一层保温隔热的物质，由于这层夹层才使冰箱里外的热交换被隔离，因而冰箱制冷才不会散发出去，达到冰箱保持一定的工作温度。

冰箱里的保温材料一般用的都是聚合物硬性发泡材料，如聚氨酯硬泡保温材料等。这种发泡材料，由于发泡沫内充满空气，空气又是热的不良导体，空气又占据空间，所以保温效果好，单位体积质量轻。因而在保温制冷方面具有极为广泛的应用。

输送颜色

　　生活中到处都充满色彩，但一张白纸并没有其它颜色，不过我们可以通过涂抹使颜色涂在纸上，我们就是用这种方法把我们的生活点缀得五彩缤纷。这就是我们这里的颜色输送。

实验前的准备

　　两个玻璃杯、25厘米透明软塑料管（输液管即可）、红墨水。

实验过程

　　①把两只杯子分别装入清水，并列摆放在一起，使这两只杯子距离两厘米左右。

　　②把其中一个杯子加入红墨水。

①

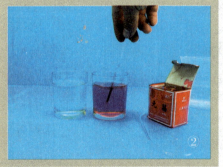
②

③ 把软塑料管注满水，并用双手堵住两端，然后分别插入两个杯子的水中，注意不要让空气进入塑料管中，使塑料管里的水和两个杯子中的水相互连通。

④ 在以后的几天里，连续观察两只杯子中的水的颜色变化。

柯博士告诉你

实验结果显示，那一杯清水逐步地改变了颜色，最终两只杯子中水的颜色变得一样了。这是因为所有的物质都是由分子组成，而分子又在不断地运动，分子不断运动使两个杯子中的水通过塑料管中的水连接在一起，在这两个杯子中的颜色分子会通过管子到另一个杯子中，因此两个杯子都变成红色了。

相关链接

◎ 画国画
我国的国画几乎都是用毛笔饱蘸墨汁在宣纸上挥毫

而成的。为什么要用毛笔和宣纸呢？因为毛笔存在毛细现象，可多吸墨汁；宣纸质地松软，纤维之间稀疏，毛细现象也十分明显。这是其他笔、纸所不能达到的。作画时，几滴墨水落到宣纸上很快便向四方渗透发散。在画家手中往往只需几笔，徐悲鸿的马、齐白石的虾就跃然纸上了。请你习作国画试试，留意观察画中由毛细现象出现的水迹。

树枝内水分上升的比较

　　树枝是树木的茎，茎的主要作用是为植物输送水分和养料，以维持植物的生命活动。也可以说茎是植物的生命线，茎要受到伤害就会威胁植物的生命。

实验前的准备

　　两根同样粗细的枝条、杯子、红墨水、剪刀、清水。

实验过程

① 往杯子里倒入清水，并加几滴红墨水，搅拌一下。

② 用剪刀把一根枝条的叶片全部剪掉，另一根枝条的叶片则保留不动。

③ 把两根枝条的末端都剪成一个斜面，同时把这两根枝条都插入杯子

的水中。

④ 过一段时间，观察两根枝条的顶端，看看哪一根枝条先有红色。

柯博士告诉你

　　这两根枝条都插进了水中，但它们吸水的能力与速度是不一样的。那支树叶多的枝条吸水快，过一段时间后，树叶多的那根枝条顶端先呈现红色，连树叶也出现红斑。

　　树枝是生长树叶的枝干，这些枝干输送用根从地下吸收的水分和养料，以供养树木的生长和发育。树叶接受阳光、二氧化碳，并进行光合作用，同时，树叶也有蒸腾作用，这就需要消耗大量的水分。所以，因叶子多的那支树枝需要更多的水分，因此吸收的水分较多，也较快；而树枝上没有叶的那支树枝，不需要那么多的水分，因而吸收的水分较少，也较慢。

相关链接

◎ 树叶的蒸腾作用

　　陆生植物在进行光合作用和呼吸的过程中，以伸展在空中的枝叶与周围环境发生气体交换，然而随之而来的是大量地丢失水分。蒸腾作用消耗水分，这对陆生植物来说是不可避免的，它既会引起水分缺失，破坏植物的水分平衡，又会对植物的生命有危胁。

蒸腾作用能产生蒸腾拉力，蒸腾拉力是植物被动吸水与转运水分的主要动力，这对高大的树木尤为重要，当植物体内的水分被散发出去后，植物本身就更需要水分，因而就更加强了水分的吸收。

蒸腾作用促进木质部汁液中物质的运输。土壤中的矿质盐类和根系合成的物质，都是供植物生命过程的营养，这些营养可随着水分的吸收和集流而被运输和分布到植物体各部分去。

蒸腾作用能降低植物体的温度。这是因为水

的气化热高，在蒸腾过程中可以散失掉大量的辐射热，这也是植物的一种自我保护，可以说它像我们出汗一样，起到为植物体降温的作用。

蒸腾作用的正常进行有利于二氧化碳的同化，这是因为叶片进行蒸腾作用时，气孔是开放的，开放的气孔便成为二氧化碳进入叶片的通道。

防治米虫的实验

米、面等粮食在夏季、秋季等季节里，如果放置不当，就会生虫，这些虫子以粮食为食，在米袋里、仓房里会自由自在地生活。它们蛀空了米粒、豆粒，使粮食的营养成分降低，并且也没有了米的香气味。

如何防治米虫呢？我们一起来做个实验吧。

实验前的准备

四只杯子、辣椒、花椒粒、大蒜。

实验过程

① 将每个杯子里放入等量的大米。

② 把三个杯子分别放入辣椒、花椒粒、蒜瓣。

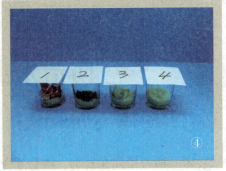

③ 用纸板盖上杯子。

④ 把每个杯子编上号，静放在那里，每半个月观察一次，共观察两个月。

柯博士告诉你

这三个杯子里的大米，经过一段时间后，因每个杯子里放置了有不同挥发性气味的辣椒、花椒粒、大蒜瓣和没有放置任何物品的杯子里出现了不同的现象，放置大蒜瓣的杯子里，基本没有米虫生活的迹象，无成虫、无米粒结团的现象；而其他放置花椒、辣椒的杯子里，也较少发生虫害的迹象，只有什么也没放的杯子里大米生虫子了。这表明有浓重气味的大蒜抑制米虫的生长效果最好，花椒粒、辣椒次之。

相关链接

◎ 生活小常识——防治米虫小妙招

（1）把家里用过的大可乐瓶，盛油的塑料桶等无毒塑料容器洗干净并晾干备用。用漏斗将新鲜干爽的大米或小米直接倒入瓶内，然后把瓶子再蹾实，让米的空隙更小些。把米装到接近瓶口处，再将几粒花椒用纱布包好，塞入瓶口，将瓶盖拧紧即可。

（2）香椿树叶防虫。在米缸或米袋里放上一些新鲜的香椿树叶，即可防虫。树叶经常更换效果更好。也可按0.5%的比例，把晒干粉碎的香椿树叶混在米中，也有很好的防虫效果。淘米时香椿树叶也很容易漂出。

（3）将30粒花椒放在锅内，加适量水，置炉火上煮出花椒香味后端锅离火。将米袋放在花椒水中湿透后取出晾干，然后将大米放入米袋内，即可防虫。

（4）将25克至50克花椒，分成4—6份，分装在小纱布袋中，放在米桶或米缸中的四个角上，米就不会生米虫了。

（5）干海带具有很强的吸湿能力，并具有杀虫和抑制霉菌的作用。保存大米时，将大米和干海带以100∶1的比例混装，经10天左右取出海带晾干，这样反复几次后即可防止大米霉变和生虫。

（6）酒精杀虫。将大米放入铁桶或米缸后，再备一个盛有50克白酒的瓶子，将酒瓶埋入米中，瓶颈露于米外，酒瓶敞开口。这时，将容器密封。酒中挥发的乙醇有杀菌、灭虫作用，使米虫不能繁衍生存。

用芹菜做的植物茎输送水分实验

　　植物的器官在长期的进化过程中，已适应了环境，根茎叶花有机地构成了株植物的整体，它们的维管系统构成了连接植物各个器官的内部通道，像人的血管一样遍布植物的全身。

实验前的准备

　　芹菜一根、红墨水。

实验过程

　　① 把芹菜用刀切去根，并放进红墨水里。

　　② 过几个小时后，观察叶子的颜色已有红点，用手掰开芹菜茎就可以看到芹菜的茎内有红线。这就是红墨水沿着茎往上升到叶子，使芹菜叶变

成了红色。

如果你切开一段芹菜，你就可以看到芹菜茎中的维管束。

◎ 维管束与导管

维管植物（包括蕨类、种子植物)的体内，是由初生韧皮部和木质部及其周围紧接着的机械组织所构成的束。维管束有规律地分布在植物的各个器官中，具有输导和支持作用，使植物体成为统一的整体，在植物的根茎叶各部分都有运输水分和营养的途径，这就是维管束和导管。

导管是植物从下向上运送水分的组织，维管束是与之相对的，把叶片的营养物质通过这个通道运送给根部。

导管是植物体内木质部中主要输导水分和无机盐的管状结构。它由一串高度特化的管状死细胞所组成，其细胞端壁由穿孔相互衔接，其中每一细胞称为一个导管分子或导管节。导管分子在发育初期是活的细胞，成熟后，原生质体解体，细胞死亡。在成熟过程中，细胞壁木质化并具有环纹、螺纹、梯纹、网纹和孔纹等不同形式的次生加厚。在两个相邻导管分子之间的端壁，溶解后形成穿孔板。在被子植物中，除少数科属（如昆兰属、水青树属）外，均有导管。

导管是由一种死亡了的，只有细胞壁的细胞构成的，而且上下两个细胞是贯通的。它位于维管束的木质部内，它的功能很简单，就是把从根部吸收的水和无机盐输送到植株身体各处，不需要能量。

◎ 花店老板的骗人伎俩

玫瑰虽然有5 000多年的人工栽培历史，迄今已培育出2 500多个品种，但玫瑰花因没有产生蓝色色素的基因，所以无法生长蓝色花瓣，至此始终没有蓝玫瑰的身影。因此蓝玫瑰被认为是不可能的，因而英语blue rose（蓝色玫瑰）有"不可能"之意。近日，日本三得利公司展出了世界上首次培育出的真正的蓝玫瑰。blue rose已成为可能。

但这种技术目前还不能大量的生产蓝色玫瑰，因此，蓝色玫瑰就物以稀

为贵，深受人们的喜爱，价钱也贵得惊人。

有些花店的老板，为了迎合人们的意愿，他们就用给白玫瑰染色的方法来替代，有的老板告诉你，这是人工染色的，有的老板并不向消费者说明，他谎称这是真的蓝色玫瑰，以欺骗消费者。

烧不坏的手绢

有些物品遇到明火就会燃烧起来，这是因为这些物品是可燃性物品。可是有的时候可燃性物品并不一定燃烧，这是为什么呢？

实验前的准备

手绢、玻璃杯、铁丝、酒精、火柴、水。

实验过程

① 把两份酒精和一份水兑在一起，将手绢放到兑了水的酒精里浸湿。

② 把手绢从杯子里取出，轻轻拧一下水，然后将手绢挂在铁

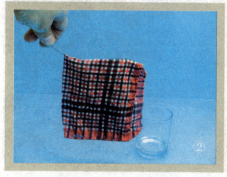

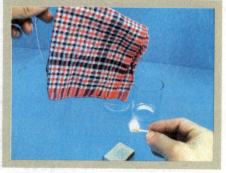

丝上。

③用火柴将手绢点燃，燃烧后的手绢完好无损。

注意！这个实验用到了火和燃点低的酒精，所以，请一定要在家长的帮助下进行。

🏠 柯博士告诉你

玻璃杯里盛着两份酒精和一份水，手绢是用酒精和水的混合物沾湿的。

酒精的燃点比水低，容易从手绢中挥发出来，在手绢点燃那一刻，酒精挥发出来并开始燃烧，水不会燃烧，只是有一部分水在酒精燃烧时温度上升变成水蒸气蒸发掉了。这些挥发的水蒸气带走了手绢上的一部分热量，从而降低了手绢的温度，所以手绢也始终达不到燃点，因此也不会燃烧，当酒精燃烧完之后，手绢也不会被烧毁。

相关链接

◎ 燃烧的条件

物质燃烧必须具备以下三个基本条件：

（1）可燃物：不论固体、液体还有气体，凡能与空气中氧或其他氧化剂起剧烈反应的物质，一般都是可燃物质，如木材、纸张、汽油、酒精、煤气等。

（2）助燃物：凡能帮助和支持燃烧的物质称之为助燃物。一般指氧和氧化剂，主要是指空气中的氧。如燃烧1公斤石油就需要10—12立方米空气。燃烧1公斤木材就需要4—5立方米空气。当空气供应不足时，燃烧会逐渐减弱，直至熄灭。当空气的含氧量低于14%～18%时，就不会发生燃烧。

（3）火源：凡能引起可燃物质燃烧的能源都叫火源，如明火、摩擦、冲击、电火花等等。

具备以上三个条件，物质才能燃烧。例如生火炉，只有具备了木材（可燃物）、空气（助燃物）、火柴（火源）三个条件，才能使火炉点燃。

手帕的秘密

　　把手帕盖在玻璃杯口上，打开水龙头，水是不是透过手帕而流下去呢？是不是灌满杯子需要很长的时间呢？

实验前的准备

　　玻璃杯、手帕、橡皮筋。

实验过程

　　① 把手帕盖在杯口上，用橡皮筋沿着杯口绑紧。

　　② 向盖住手帕的杯子上浇水。水透过手帕慢慢流进杯子里。

　　③ 把杯子迅速倒转过来，让

杯口朝下。

柯博士告诉你

　　向盖有手帕的杯子上浇水，水会从上面向杯口的手帕冲去，水会透过手帕流入杯内，直至水充满整个杯子。这时手帕已浸透了水，由于水的表面张力作用，手帕已不再透气，像似不透水的盖子，盖住了杯口。

　　杯子倒转过来时，由于大气压力的关系，手帕被大气压力压向杯口，紧紧地不会离开，手帕托住了杯里的水，所以杯子里的水不会流出来。

相关链接

◎ 开启罐头瓶盖的妙方

　　罐头瓶盖有时盖得很紧，不容易拧开，这是因为瓶子里的空气压力很小的缘故。如果，你用工具撬一下罐头瓶盖的边缘，让外边的空气进入到罐头瓶里一些，这时就很容易拧开罐头瓶盖了。

鸡蛋浮于水面

把一个鸡蛋放入水中，它会沉入水底吗？如果真的沉入水底，你会想一个办法让鸡蛋自己浮起来吗？做一个实验研究一下吧。

实验前的准备

鸡蛋、一杯水、筷子、食盐适量。

实验过程

①把鸡蛋放入装满水的杯子中，鸡蛋很快就会沉入水底。

②把一些食盐倒入水中，并轻轻地用筷子搅动，使食盐融化变成饱和溶液。观察水中的鸡蛋状态。

②

③

相关链接

◎ 死海奇观

死海湖中及湖岸均富含盐分,据测定其湖水的含盐量是海水的10倍。在这样的水中,鱼儿和其他水生物都难以生存,水中只有细菌和绿藻没有其他生物;岸边及周围地区也没有花草生长,故人们称之为"死海"。

死海长80公里,宽约为18公里,表面积约1 020平方公里,平均深300米,最深处415米。

死海由于含盐量高,所以,人可以躺在湖面上不会下沉。

◎ 盐 湖

盐湖是咸水湖的一种,是干旱地区含盐度(以氯化物为主)很高的湖泊。湖水蒸发量大于或至少等于降水量及地下水对湖泊的补给量。

我国柴达木盆地蒸发量达2 400～2 600毫米,为年降水量的30～50倍,形成很多盐湖,如察尔汗盐湖、茶卡盐湖等。

❧ 水中悬蛋 ❧

想一想，能用什么办法使鸡蛋在水中不漂起又不沉下，而是悬浮在水中？

 实验前的准备

玻璃杯两个、水、食盐、蓝墨水、筷子、鸡蛋。

实验过程

① 在玻璃杯里放1/3的水、加上食盐，直至不能溶化为止。再用另一只杯子盛满清水，滴入两滴蓝墨水，把水染蓝。取一根筷子，放到杯子中。

② 沿着筷子，小心地把杯中的蓝色的水慢慢倒入另一个玻璃杯中。玻璃杯下部为无色的浓盐水，上部是蓝色的淡水。

③动作轻而慢地把一只鸡蛋放入水里，它沉入蓝色水，却浮在无色的盐水上，悬停在两层水的分界处。

柯博士告诉你

生鸡蛋的相对密度比水大，所以会下沉。盐水的相对密度比鸡蛋大，鸡蛋就不会沉下去，所以，鸡蛋会下沉到蓝色水底部，而沉到蓝色水和盐水的分界处时，鸡蛋会浮在盐水之上，这样鸡蛋就悬在了蓝色水和盐水的分界处了。

相关链接

◎ 救生衣

救生衣，又称救生背心，是一种救护生命的服装，形状类似背心，采用尼龙面料、浮力材料、可充气材料及反光材料等制作而成。

救生衣按用途分为：

（1）船用救生衣：适合远洋沿海及内河各类人员救生使用，救生衣浮力大于113牛，救生衣在水中浸泡24小时后，救生衣浮力损失小于5%。

（2）船用工作救生衣：适合沿海及内河各类人员工作使用。救生衣浮力大于75牛，救生衣在水中浸泡24小时后，救生衣浮力损失小于5%。

（3）休闲救生衣：也称水上运动救生衣，面料多用氯丁橡胶复合材料，多种颜色搭配，时尚美观。主要适用于水上游玩、学习游泳、漂流、垂钓等穿着，起救生防护作用。

救生衣按浮力原理分为：

（1）浮力材料填充式救生衣：即用尼龙布或氯丁橡胶做面料，中间填充浮力材料。

（2）充气式救生衣：采用强度高的防水材料制做而成，类似充气式救生圈的原理，分自动充气式或被动充气式两种。这种救生衣最应该注意的是，绝对避免尖锐物体戳穿或磨破防水层，漏气后会给穿着人员带来生命危险。

淡水和盐水结冰的比较实验

水的温度到冰点就会结冰，这指的是清水，若水里有其他物质那就不一定了，如糖水、盐水的冰点都与清水的冰点不同，糖水、盐水在0℃时不会结冰。做个实验看看就会知道了。

实验前的准备

两个饮料瓶或小药瓶、盐、筷子。

实验过程

①将两个饮料瓶分别都装入清水。注意不要装满。

②把盐放入其中一个瓶内，用筷子搅动，使盐溶解，配制出盐的饱和溶液。

③把两个瓶子放在冰箱或室外，过几个小时后拿出，观察两个瓶子中的水。

柯博士告诉你

观察到饮料瓶里的清水已经结冰，另一只饮料瓶里的盐水还没有结冰。

因为清水的冰点是0℃，而盐水根据含盐浓度不一样，结冰的冰点也不一样，总之，一般都比清水的冰点低。

相关链接

◎ 公路、机场跑道上撒盐融雪

大雪使公路变得湿滑，各种车辆在湿滑的路面上容易发生交通事故，因此，必须及时清理路面的积雪。

为了更快的清理积雪，撒些盐会加速积雪的融化，使其尽早地流入排水系统。

盐水比清水冰点低，撒盐后，提供了凝结核，温度稍微高于0℃雪就开始融化。所以，在气温较适合的天气里，撒些盐可以加速雪的融化。

水膨胀的力量

　　一般物质都具有热胀冷缩的性质，而水结成冰则不然，它不但不会缩小体积，反而会体积膨胀，因而冰的密度就比水小了，也就是冰比水轻了；同时因水结冰体积会膨胀，在膨胀时会产生巨大的力量，什么都不能阻止冰占据更多的空间，冰甚至能从金属管子中冒出来。

实验前的准备

　　一个细颈的酒瓶、铝箔、清水。

实验过程

　　① 用清水灌满酒瓶。

　　② 把铝箔松松地盖在瓶口。

　　③ 把瓶子放进冰箱，让水在冰箱里冻冰。

　　④ 当冰冻结实后，冰会把铝箔顶起。

　　注意！小心一点，瓶子可能被冻裂。

 柯博士告诉你

水是液态的，可到了冰点以下，水就会结成固态的冰。在水结成冰时，体积就会膨胀。当瓶子里的水在结冰之后，冰的体积比原来的清水的体积要大了，于是，冰从瓶口胀出来了，把盖在瓶口的铝箔顶了起来。

相关链接

◎ 水结冰的力量

水结冰会产生膨胀，膨胀会产生巨大的力量，具有很大的破坏力。在自然界我们经常会看到，岩石缝隙中的水结成冰,冰冻可以使岩石破碎，这也是岩石风化的一种形式。

◎ 冬天的水管保温

冬日的严寒往往会冻裂自来水管道，自来水管道内的水在低温时会结成冰，结冰后体积会膨胀，尽管自来水的水管是铁的，可膨胀的力量足可以把水管胀裂。所以，冬季特别要注意自来水管的保温。

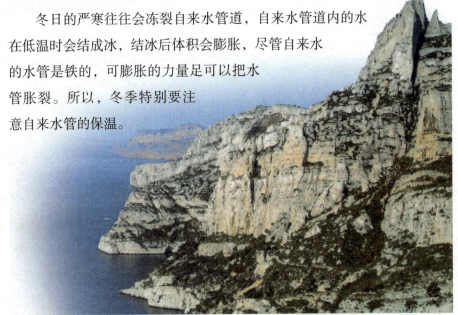

沸水下面的冰

　　告诉你沸腾的开水底下可以藏着冰，你相信吗？你一听就有点纳闷，一定不会相信这是真的。可事实上还真有这种事。让我们做一个有趣的实验来看看这一有趣的现象吧。

 实验前的准备

　　清水、一只试管、试管夹、酒精灯、小碗、小石块。

 实验过程

　　① 把清水倒入小碗中，并点上几滴蓝墨水，使水变成蓝色的，这样便于观察。把小碗放入冰箱中的冷冻室，第二天碗里的水就结成了蓝色的冰。

①

②

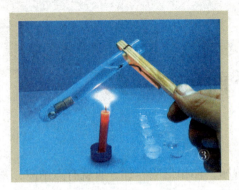

② 从碗里取出冰，掰下一小块冰放入试管里，再把小石块也装入试管里，然后将试管里倒入适量的水。

③ 用试管夹夹着试管的中部，让试管的上部接近酒精灯的火焰加热。一会儿，试管里上部的水就沸腾了，可试管下部的冰块还没有融化。

柯博士告诉你

水和冰块都是在同一个试管里，清水被火加热后沸腾起来，而这沸腾的清水下面居然藏着0℃以下的冰块。

试管里的水和制作试管的玻璃都是热的不良导体，因而水和玻璃传热的功能都极差。

另一方面水可以进行冷热的对流，热水较冷水差一些，因此热水总是在冷水上面。这样，用火加热试管上部的水，试管上部的水温度上升很快，而冰在试管底部，下部的冷水不能上升到上部进行对流，所以，试管底部的温度始终无法上升，试管里的冰块就很难融化。

相关链接

◎ **水壶加热管的位置**

因为水的冷热对流现象，所以，设计人员设计烧水的电水壶、做饭的电饭锅、豆浆机等产品时，都把加热管等放到底部。

如果，再按上述方法作一次实验，不让火焰加热试管的上部，而是把火焰移到试管下边，那又会是一种什么现象呢？

用纸盒烧水

一般我们都用水壶烧水，没听说过用纸盒烧水的，因为纸是亲水性物质，容易被水浸湿，又是燃点比较低的容易被火点燃的易燃物。不过在实验中纸盒还真能烧水。我们不妨试一试。

实验前的准备

清水、剪刀、细铁丝、蜡烛、胶水、厚点的硬纸。

实验过程

① 先做一个纸盒。把纸盒扎孔，穿过细铁丝，然后吊起来，往纸盒里注水。

② 用点燃的蜡烛在盒底加热，注意蜡烛的火焰和纸盒间的距离。观察

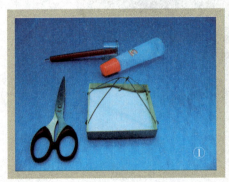

①

②

纸盒中水的状态，不一会儿，纸盒中的水就沸腾了。

注意！这个实验用到了火，请一定和家长一起做实验。

 柯博士告诉你

真奇怪，纸盒中的水沸腾了，可纸盒却完好无损并没有被烧毁。这是因为纸盒虽然是易燃的物体，但纸盒里装满了水，当纸盒被火烧烤时，纸盒里的水吸收了使纸盒不断升高的热量，这样纸盒刚接受的热量就立即被纸盒中的水吸收。因此，纸盒的温度不会升高到燃点，所以纸盒也就不会发生燃烧。

相关链接

◎ **火灾逃生**

当火灾发生时，逃生的时候要用湿毛巾捂住嘴，同时最好披着蘸水的湿棉被。为什么要披蘸水的湿棉被呢？因为，湿棉被可以抵挡火焰，可以保护身体不被火焰炙烤。湿棉被在接触到火焰时，棉被里的水分蒸发会带走热量，所以棉被不会在短时间内达到燃点而起火。

布料的吸水性实验

　　布料是人们离不开的生活日用品，人们穿的衣服中，有棉花、亚麻等天然纤维织成的和人工化纤织成的两种布料。

　　这两种布料的吸水性有很大不同，做一个实验比较一下，你会看得很清楚。

实验前的准备

　　一小块化纤布料、一小块棉布料、一盆清水。

实验过程

　　① 把两种布料分别搭在盆边，使布料的一角浸入盆水中。

　　② 观察这两种浸入水中的布料，哪一种布料先被水浸湿。

柯博士告诉你

棉布是由棉花纺成的，棉花是天然纤维。天然纤维很细，并有很多空隙，这些空隙就会形成毛细现象，它们的吸水性、透气性非常好。

而化纤布料是由人工合成的化学纤维织成的，化纤织成的布料没有天然纤维织成的布料透气性、吸水性好。

所以，棉布很快就被水浸湿，而化纤的布料浸湿的速度比棉布浸湿的速度慢得多。

相关链接

◎ 夏季的着装

夏天，人们都非常喜欢丝绸、棉布、亚麻等布料制作的衣服，因为，穿天然纤维织成布料做的衣服，比穿化纤织出的布料做成的衣服凉爽，所以，天然纤维织成的布料受到人们的青睐。

夏季天气炎热,是否"凉爽"成了夏季着装的首选条件。夏季穿衣是否

凉爽，除了与衣料的透气性(主要是厚度、密度)有关外，与衣料的吸湿性关系也很大。（也就是吸水性）

天然纤维织成的布料吸水性很好，能及时地把汗水排出，汗水的及时排出就可以带走一些热量，因此穿着这种天然纤维布料做成的衣服就觉得凉爽；而化纤织成的布料，吸水性较天然纤维织成的布料就差得多，所以化纤布料制作的衣服穿起来就不如天然纤维布料制作的衣服凉爽。

据测定，气温在24℃、相对湿度在60%左右时，真丝衣服不仅吸湿和散湿性能好，而且还是一种蛋白质纤维，对人体皮肤非常有益，加之重量轻、厚度薄，因而穿起来非常凉爽。

◎ 做一个自动浇花器

将三条灯芯绒布条搓成一根绳，然后穿进一根相应的塑料管内，使其两端都露出两厘米布头，一头放在盆土上，另一头放在装满水的容器中，把容器放在比花盆高的地方，这样通过毛细管作用，容器中的水分就可不断供应给盆土了。

净化水的实验

生命之水充斥着地球的各个角落，由于现代工农业生产的发展、人口的快速增长，有许多自然界的水域都遭到不同程度的污染，因而，自然界的水大多都不能直接饮用。

为了保证饮用水的安全、为了减少自然水域的污染，净化水的技术就显得格外重要。

实验前的准备

一只大饮料瓶、一段吸管、一个玻璃杯、一块脱脂棉、木炭、细沙、沙砾、碎石、一杯泥浆水、一张滤纸、一把剪刀、一把锥子、强力胶水。

实验过程

① 用剪刀把饮料瓶的底部剪掉。

②用锥子在饮料瓶的盖上扎一个孔，并剪一段三厘米长的吸管插入饮料瓶盖上的孔中。

③把饮料瓶倒过来，再依次往饮料瓶里铺上过滤材料。它们的顺序是脱脂棉、碎石、沙砾、细沙、木炭、最上面是滤纸，制作成简易的过滤器。

④用左手拿着过滤器，用右手拿起盛装泥浆水的杯子对准过滤器的口，把泥浆水倒入过滤器中，观察经过过滤后泥浆的变化。

柯博士告诉你

大自然中的水是地球生灵维持生命的重要物质，现在自然界的水大多都不能直接饮用，必须经过自来水厂的净化处理才能达到人们饮用的标准。这个实验就是演示了水质的净化过程。水经过了层层过滤去除杂质，再经过消毒杀灭危害人体健康的微生物，就可以送到千家万户了。

相关链接

◎ 污水处理

工业废水、生活污水，不能直接排放到江河里，如果，有污水流入江河，就会污染江河里的水。

因此，污水都要经过污水处理站的处理，才能排放到江河中。污水处理系统是现代环境保护的重要设施，工业和生活排出的污水由管道输送到污水处理厂，污水在这里经过沉淀、生化处理后，把有毒物质提取出来，使污水达到对环境无污染的标准后再排入江河。

检验种子是否有生命

　　种子是有生命的，并且它的生命力是十分顽强的，那么怎么样才能检验出种子是有生命的呢？一般都采取种子萌发实验，但除此之外还有许多方法可用，让我们来试一试吧。

实验前的准备

　　一个玻璃杯、一个小药瓶、玉米种子、氢氧化钠、透明的塑料管。

实验过程

① 将干燥的玉米种子放入小药瓶中，使玉米种子约占其容积的1/3。

② 在玻璃杯中注水，并滴几滴蓝墨水或红墨水。

③ 把氢氧化钠溶液灌进小药瓶。

④ 在小药瓶盖上钻一个口径相当于塑料管外径大小的孔。

⑤ 把塑料管插进这个孔，用凡士林涂抹防止透气，把塑料管另一端插入玻璃杯的水中。

⑥ 几天后，就会看到红色水沿着玻璃管不断上升。

柯博士告诉你

种子有生命，也有呼吸。种子的呼吸像人的呼吸一样，是吸收空气中的氧气，呼出二氧化碳。

瓶内种子吸收了瓶内空气中的氧气，放出了

二氧化碳。但是，它放出的二氧化碳不能飞出瓶子，因为瓶子已经做了气密性的封闭。这些由种子呼吸排出的二氧化碳只能被小瓶内的碱溶液吸收掉。因此，整个瓶里空气的密度变小，压力降低了。这样，瓶内的气压比外界的气压小，水杯里的水就沿着玻璃管上升。这就说明瓶内的种子有生命。干燥的种子，呼吸是非常微弱的，一般情况下，生命力较持久。潮湿的种子呼吸较旺盛，容易失去生命力。

如果，你没有看到塑料管内的有色水上升，就说明这些种子不能呼吸，也就是这些种子是没有生命的。

相关链接

◎ 种子的保管

空气的温度、湿度对种子的寿命有直接影响，温度高，种子寿命短；温度低，种子寿命长；湿度大种子容易发芽，或者霉变，因此不同的种子都有严格的空气温度和湿度的要求，所以保存种子要经常监测，并及时地

通风以保持空气的温度和湿度。

　　大量的种子贮存都有专门的库房，并有现代化的调节气温、湿度的设施及专门的技术人员管理。

◎ 种子的生命力

　　不同植物的种子，寿命也各不相同。有些植物种子的寿命很短，甚至短到十几个小时，例如，垂柳的种子成熟后，在12小时内有发芽能力。可可的种子，从母体中取出35小时以后，就失去了发芽能力。大多数热带和亚热带的植物，像甘蔗、金鸡纳树和一些野生谷物的种子，最多只能活上几天或几个星期；橡树、胡桃、栗子、白杨和其他一些温带植物种子的生命力，都不能保持很久。

　　也有些植物的种子寿命是很长的，如我国辽宁普兰店发现的古莲子，估计寿命有1 000年以上，其在北京植物园内种植后发芽生长了。

蛋壳的坚固与脆弱

蛋壳是保护鸡蛋的，因此有一定的坚固性，可当打开鸡蛋后，蛋壳就不那么坚固了。特别是它受力部位不一样的时候，蛋壳的坚固性也会有变化。做个实验见证一下吧。

 实验前的准备

酒盅或半个蛋壳直径大小杯口的杯子、蛋壳、铅笔。

实验过程

① 蛋壳开口向下扣在杯口上，将铅笔在离蛋壳 10 厘米的高度竖直向下自由落到蛋壳上，蛋壳没被砸破。

② 蛋壳开口向上放在杯子口上。

③铅笔离蛋壳10厘米的高度竖直向下自由落到蛋壳上，蛋壳被砸破。

 ### 柯博士告诉你

一样的材质，一样的撞击力量，只是角度不同，对鸡蛋壳的撞击后发生的效果就完全不一样。这就是因为改变了鸡蛋壳被撞击的角度，因而撞击的点所受的力发生了变化，所以，撞击的效果也不一样。

当铅笔撞击蛋壳凹处，撞击的力量都由撞击点承受，容易撞破；当铅笔撞击蛋壳凸处，撞击的力量会沿着蛋壳分散，这样蛋壳就不容易被撞破。

相关链接

◎ 薄壳结构建筑

在建筑上，很多大型建筑如大厅、体育场馆等都首选薄壳结构，这不但能承受很大的压力，而且能减轻屋顶重量，节约大量材料，并

且内部空间很大而又没有柱子。

◎ 拱 桥

拱桥主要受力构件是拱圈，同时在拱脚处存在巨大的水平推力，这是拱桥的典型力学特点。桥墩除承受垂直于地面的压力外，还需要受拱传递来的水平推力。所以拱桥桥墩最好建在坚固的岩石地基上，还有一种解决外推力的办法是在两个拱足处安拉杆，用拉杆的拉力去抵消拱的外推力，这种拱又叫拉杆拱。拱桥是外观形式最为多姿、活泼的桥型，桥面可在拱形以下、以上或穿过其中。

用实验方法区分生熟鸡蛋

如果把生鸡蛋和熟鸡蛋混在一起，因为鸡蛋的大小和颜色几乎都一样，所以很难分辨出哪个鸡蛋是生鸡蛋，哪个鸡蛋是熟鸡蛋，不过人们经常用旋转鸡蛋的办法来区分哪个是生鸡蛋，哪个是熟鸡蛋。不妨你也可以试一试。

实验前的准备

两个生鸡蛋、两个熟鸡蛋。

实验过程

① 把鸡蛋一个一个的旋转一遍。看看哪个鸡蛋的旋转速度快一些。旋转快的鸡蛋就是熟鸡蛋。

② 旋转慢的鸡蛋就是生鸡蛋。

柯博士告诉你

　　用相同的速度旋转鸡蛋时，鸡蛋旋转的速度快并且平稳的就是熟鸡蛋，因为熟鸡蛋的蛋黄和蛋清固定，并且凝固的蛋清、蛋黄、蛋壳都紧密地结合在一起，在旋转起来时惯性就大一些，因此速度就快一些，而且旋转平稳；而生鸡蛋内的蛋清蛋黄还是液态，旋转时液态的蛋黄蛋清，和蛋壳的旋转速度不一样，这就使蛋清与蛋壳发生摩擦，因此惯性就会小一些，而且也摇晃不定，很快就停止转动。由此可准确判断生鸡蛋熟鸡蛋。

相关链接

　　◎ 为什么装载液体的车辆都是用圆形的罐车
　　装载水、油、液化气等液体的车辆都是用罐车。为什么用这种罐车来装载呢？
　　当然装载液体要有容器，选择容器的形状是个不容忽视的问题。

　　比如，哪种形状的容器用的制造材料最少，又有最大的容量；哪种形状的容器便于液体的装卸；更重要的是哪种形状的容器运输更安全。

　　而罐车的形状就完全符合装载液体的要求。特别是能保证车辆运输安全的需要。

　　在车辆运行过程中，由于装载液体，而液体是非固定性状的，这样车辆的奔跑，就会使液体不停地波动摇晃。因而，使车辆的重心也不断地改变，这就使车辆摇晃影响车辆的稳定性甚至使车辆颠覆。

　　把车辆的液体货仓做成罐型，就可以克服这种现象，在罐内的液体不管车辆怎样颠簸，而液体的摇晃都不改变车辆的重心，这就使车辆比较平稳。

测量电子的验电器

物体带电你知道吗？只有被静电电一下，才知道有电，电看不到，摸不着，怎么才能检测到它的存在呢？我们做一个测量电子的验电器。

实验前的准备

塑料瓶、一根7厘米长的钉子、一小块铝箔纸、一段细绳、塑料尺、毛皮。

实验过程

① 将钉子插入瓶盖。

② 将铝箔纸剪出一个小条5×50毫米，贴在钉子上，如果铝箔纸很硬，可连接一个尼龙绳，使它变得很柔软。

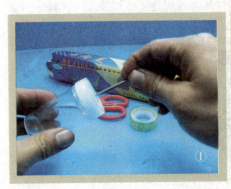

③ 把铝箔纸小条粘在铁钉上，然后，再将盖子盖好。
④ 可以实验了，用毛皮摩擦塑料尺。
⑤ 将尺子靠近钉子帽，可见铝箔纸张开。

柯博士告诉你

这个简单的验电器，和莱顿瓶是很相近的，道理当然也是一样的了。当带有电荷的物体接触到验电器的铁钉时，铁钉就会带电，同时再传给铝箔纸，由于电荷是来源于同一把尺子，铁钉和铝箔纸电荷相同，同种电荷互相排斥，于是粘在铁钉上的铝箔纸就离开铁钉张开了。

◎ 莱顿瓶——最早的电荷储存装置

1745年，德国的一位牧师，试用一根钉子把电引到瓶子里去，当他一手握瓶，一手摸钉子时，受到了明显的电击。1746年，荷兰莱顿城莱顿大学的教授彼得·冯·慕欣布罗克无意中发现了同样的现象。

慕欣布罗克的发现，使电学史上第一个保存电荷的容器诞生了。它是一个玻璃瓶，瓶里瓶外分别贴有锡箔，瓶里的锡箔通过金属链跟金属棒连接，棒的上端是一个金属球，由于它是在莱顿城发明的，所以叫做莱顿瓶，这就是最初的电容器。欧洲的电学家们不仅利用它作了大量的实验，而且做了大量的示范表演。其中最壮观的是法国人诺莱特在巴黎一座大教堂前所作的表演，诺莱特邀请了路易十五的皇室成员现场观看莱顿瓶的表演，他让700名修道士手拉手排成一行，队伍全长约275米。让排头的修道士用手握住莱顿瓶，让排尾的握瓶的修道士引线，一瞬间，700名修道士因受电击几乎同时跳起来，在场的人无不为之目瞪口呆，诺莱特以令人信服的证据向人们展示了电的巨大威力。

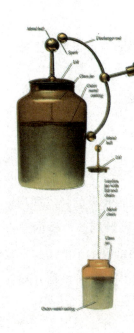

解冻冷冻食品的实验

自古以来人们就懂得了食品的冷冻保鲜，现在，我们经常使用电冰箱冷冻食品。冷冻的食品在加工时都要进行解冻，如何才能加快解冻速度呢？做个实验对比一下吧。

实验前的准备

三块一样大小的冻豆腐、三个水杯。

实验过程

① 把第一个水杯里装满冷水，用温度计量一下水温，把冻豆腐放进装满冷水的水杯中。

② 把第二个水杯里装满热水，用温度计量一下水温，同样把冻豆腐放

进装满热水的水杯中。

③ 把冻豆腐放在没有装水的水杯里。

④ 观察、记录冻豆腐解冻的时间和状态。

柯博士告诉你

经过一段时间，你会发现，冷水杯里的食品先解冻，过一会热水杯里的食品也解冻了，最后是没有放水的杯子里的食品才解冻。

这是因为接近0℃的冷水，解冻冷冻食品是最好的选择。因为冷冻食品的温度是在0℃以下，若放在热水里解冻，冷冻食品从热水中吸收热量，其外层迅速解冻而使温度很快升到0℃以上，此时冷冻食品的内层之间便有了空隙，传递热的本领下降，使冷冻食品的内部不易再吸热解冻而形成硬核。若将冷冻食品放在冷水中，则因冷冻食品吸热而使冷水温度很快降到0℃且部分水还会结冰。因1克水结成冰可放出80卡热量（而1克水降低1℃只放出1卡热量），水放出的如

此之多的热量被冷冻食品吸收后，使冷冻食品外层的温度较快升高，而内层又容易吸收热量，这样，整块冷冻食品的温度也就较快升到0℃。如此反复几次，冷冻食品就可解冻。从营养角度分析，这种均匀缓慢升温的方法也是科学的。

另外，冷冻食品放在空气中，和放在水中的解冻速度也是不一样的，在水中解冻比在空气中解冻快一些。

相关链接

◎ **冷冻食品解冻之后不要再冻**

把冷冻食品解冻后，有时一看量太多了，就将解冻食品放回一些去重复冷冻。这种习惯是不科学的。

　　鸡、鸭、鱼、肉在冷冻的时候，由于水分结晶的作用，其组织细胞已经受到破坏。一旦解冻，被破坏的组织细胞中，会渗出大量的蛋白质，从而为细菌繁殖提供了条件，会使细菌大量繁殖，影响食品的新鲜度，甚至会使食品变质。

◎ 食品解冻有讲究

　　如果急速解冻，食品中的汁液流出，带出了蛋白质、矿物质、维生素等水溶性营养成分，食品的营养流失。

　　解冻可分三步，首先，提前把烹调的食物从冷冻层拿出，放到冷藏室内搁置一段时间，如果直接拿到室温下，温度过渡太大，不利于冷冻食品营养的保护和其质量的稳定。然后，取出冷冻食品，用微波炉的解冻档解冻，微波解冻具有穿透力，能使食品里外均匀受热，而不像一般用水解冻，表面已经融化了，内层还有冰碴儿。微波解冻也不容易产生汁液，从而更好保护食品营养。需要注意的是，微波解冻不能加热到食品变软。最后，将还未变软的食品取出放在室温下搁置到完

全解冻即可。

　　切忌把食物放入温热水中解冻，那样会引起肉汁大量流失和细菌迅速繁殖，营养成分也会流失。此外，有的家庭从冰箱中取出食品解冻后，将剩余食品又进行第二次或第三次冷冻，对食品的营养也有影响。用冰箱冷冻食品，正确的做法是：将食品洗净，按每次食用的需要量，分成若干小块，用保鲜膜包好再冷冻。可吃多少取多少，避免重复冷冻。

空气中氧气含量的实验

空气主要是由氮气和氧气组成，还有一些二氧化碳等其他的气体，其中氮气最多，氧气也不少，这是地球生命赖以生存的气体。做一个实验看看氧气的含量。

实验前的准备

盘子、玻璃杯、蜡烛、水。

实验过程

① 把蜡烛点燃，用蜡油滴向盘子中间，并迅速将蜡烛粘在滴蜡油处。

② 向盘子中倒入带颜色的水。

③ 用杯子将正燃着的蜡烛扣上，观察蜡烛的燃烧状态。

③

 柯博士告诉你

燃烧的蜡烛被杯子扣上时，因为盘子里有水，所以，杯子内已和外部隔绝，蜡烛在隔绝的杯子内部燃烧。杯子内部的氧气助燃蜡烛的燃烧，当杯内的氧气消耗掉后，蜡烛因缺乏氧气的助燃就会熄灭，这时，因杯子内的氧气消耗而气压减少，所以，杯子外部的气压会大于杯子内的气压，因而就会把盘子中的水压进杯子。进入杯子中的水，正好是杯内失去氧气的空间。

相关链接

◎ 氧气的用途

氧气是人类、动植物维持生命的重要物质，不仅如此，氧气在冶金工业中，也有广泛的用途，在炼钢过程中加以高纯度氧气，可以降低钢

的含碳量，利于清除磷等杂质并有利于维持炼钢
过程所需的温度，提高钢的质量。在有色金属冶
炼中，采用富氧也可以缩短冶炼时间提高产量。

　　氧气在化学、国防、航天、超音速飞机、医
疗等领域都有广泛的用途。

流淌的光

光是沿着直线传播的，但有时也有"例外"，如果光照射水流，那光就会被水流不定向的反射，因此光也就随着水流淌了，看似光线有些弯曲了，实际上光还是沿着直线传播的。

实验前的准备

饮料瓶、报纸、手电筒、锤子、钉子、胶带纸。

实验过程

① 在饮料瓶盖上，用钉子和锤子打一个小一点的孔。然后用胶带纸把瓶盖上的孔粘住。

② 然后在瓶底打一个大孔，把瓶嘴冲下，从瓶底的大孔向瓶子里注入

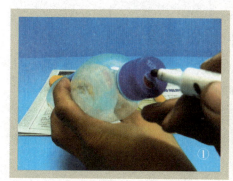
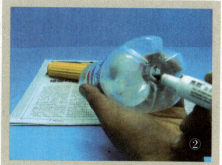

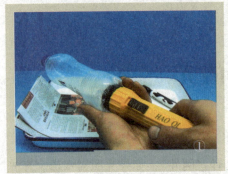

大半瓶水。

　③用报纸把饮料瓶卷起来，使里外不透光。

　④用手电筒的光从瓶底照射，把瓶盖上的胶带纸撕掉。

　⑤倾倒瓶中的水。

🌱 柯博士告诉你

　　光线被扩散在水中，并在水流里来回反射，它不会从水流弧线中跑掉，这样就形成了一条明亮弯曲的光带。这就是光为什么能在光导纤维中传导的原因。

相关链接

◎ 科学家做过的实验

1870年，英国科学家丁达尔，做过一个有趣的实验，为光纤通讯奠定了基础。

丁达尔在一个关掉灯的房间里，把大桶的侧壁凿了一个小孔，把桶装满水后，水即刻从小孔流出，形成一股弯弯的水柱落到地面。

他用强光照射桶中的水，奇怪的现象发生了，他惊讶地看到射入水中的光随着水从小孔流出，并同弯弯的水流一起落到地面，在地面上形成了一个光斑。

◎ 光导纤维

丁达尔的发现启示了科学家，后来的科学家们研制了用玻璃制作的光导纤维，光导纤维很细很细，像蜘蛛丝一样。

利用光导纤维进行的通信叫光纤通信，光纤通信有许多优越点。光导纤维可以传送声音，也可以用来传送图像。由光导纤维做成的光缆，容量大、抗干扰、稳定可靠、保密性强。使用光缆可以同时传送十万余路双向电话或上百套电视节目。

光缆的材料来源也非常多，可以节省大量的铜。如铺设1 000公里的同轴电缆大约

需要500吨铜，改用光纤通信只需几公斤石英就可以了。

光导纤维在医疗方面也有广泛的用途，可以利用光导纤维制成内窥镜，帮助医生检查胃、食道、十二指肠等疾病。光导纤维胃镜是由上千根玻璃纤维组成的软管，它有输送光线、传导图像的本领，又有柔软、灵活，可以任意弯曲等优点。通过食道插入胃里，光导纤维把胃里的图像传送出来，医生就可以窥见胃里的情形，然后根据情况进行诊断和治疗。

光导纤维还可以制成纺织品，做室内装饰布或衣服。

模拟天空颜色变化的实验

当你抬头仰望时，会不由得赞叹蔚蓝的天空美丽，蔚蓝的天空成为了诗人、画家等艺术家的描写对象。其实我们早已知道空气是无色、透明的，而充满空气的天空却是蔚蓝色的，这是因为光的原因。

实验前的准备

手电筒、玻璃杯、清水、肥皂。

实验过程

① 在透明的玻璃杯中装入大半杯水。

② 在水中加入一小块肥皂，并搅动水使杯中的肥皂溶解，直到

水中出现微小的肥皂泡沫。

③关掉室内灯，拉上窗帘，用手电筒从杯子上方垂直照射杯子的水，从杯子侧面观察液体的颜色，你会发现杯中的液体呈现浅蓝色。继续拿手电筒从下边往上照射，或拿手电筒从一侧照射你会发现杯中肥皂水的颜色并不一样，会有变化。

柯博士告诉你

杯子里悬浮着许多的细小肥皂颗粒，这些颗粒使水变得不再清澈，当光照射到水中时，光遇到了这些小颗粒就会发生散射，不同波长的色光散射的程度也不一样，波长越短散射的越厉害，蓝光波长比红光短，它受到的散射就比红光大，因此，你就会看到杯子里的水呈浅蓝色。

相关链接

◎ 为什么天空是蓝色

我们知道空气是无色透明的，那么天空为什么是蓝色的呢？

天空的颜色是太阳光照射的结果，在阳光通过大气层时，与悬浮在空气中的微小颗粒和小水滴相遇，发生了光的散射，这也和我们在实验中见到的现象相似。因此，那些紫光、靛光、蓝光被散射，所以我们就看到了蔚蓝色的天空。

变色的陀螺

陀螺是一种常见的玩具，变色的纸陀螺转起来，会带来一个意想不到的现象，一起来做一个纸陀螺的实验吧。

实验前的准备

白色硬纸板、铅笔头或冰棒棍、彩色笔、圆规、量角器、剪刀。

实验过程

① 用圆规在白硬纸板上画一个直径五厘米的圆，并在圆上用量角器平分出七等分，每个角约为51°。

② 以红、橙、黄、绿、青、蓝、紫的顺序涂上这七种颜色。

③ 用剪刀把这个圆剪下来。

④ 把铅笔从圆心穿过，做成一个陀螺。

⑤ 用手转动笔杆，使彩色陀螺旋转起来。

⑥ 认真观察，陀螺的颜色变化。

🏠 柯博士告诉你

　　当你看到陀螺旋转起来时，漂亮的陀螺不见了，而变成了一个旋转的近乎白色的陀螺。陀螺停下来时，七色陀螺又恢复了原来的容颜，还是那么漂亮。

　　这个实验演示了白光是由七种色彩光组成的，牛顿在17世纪就用三棱镜实验把阳光中的七种色光分离了出来，并也做过这个旋转的色盘实验。

相关链接

◎ **牛顿的旋转色盘实验**

17世纪下半叶，大科学家牛顿用三棱镜实验，看见了白光被分成七色光的现象，他第一个发现了光谱。以后他又深入研究这种现象，并做了旋转的色盘实验，他早就想到光谱并不是由等量的色光所组成，也就是说，在一道彩虹当中，蓝光总比红光要多。因此，他模仿，或者说复制大自然组合成彩虹的方式。

他制作了一个直径大约10公分大小的硬纸小圆盘，然后将盘面划分为七个大小不同的区域，这些区域代表肉眼可见彩虹中的七个光带，然后他在这些区域上面涂颜色，接着再将这张纸装在一个转盘上，使劲地将其转动。

牛顿在一旁观察这个转盘，转盘看起来是白色的，由于这个转盘快速旋转，各个颜色的光带依照正确的比例——呈现出来，产生白色的光线。

牛顿兴奋不已，因而更加废寝忘食，花费更长时间，详细地撰写他的发现。

◎ **用纽扣做这个实验演示**

准备：两个小纽扣、纸板、细绳、圆规。

实验过程：

（1）用圆规在纸板上画一个直径四厘米的圆，把圆用量角器分成七等分，涂上七种颜色。

（2）用剪刀剪下这个圆。

（3）把小纽扣分别贴在圆纸板两边，并且把扣眼对齐。

（4）把细绳穿过相对的两个扣眼中，并在一边把细绳的两端系在一起，双手甩起细绳使纽扣转动起来，细绳缠绕起来，再用双手向两头拉起来，一拉一松，纽扣不停地转动，而色盘的颜色就变白了。

模拟云雾形成的实验

对流层中的大气千变万化，演绎着自然界的风雨云雾等现象，给人们带来一道绮丽的风景，天空中的云雾是怎么形成的呢？我们可以做一个模拟云雾形成的实验，来观察云雾的形成过程。

实验前的准备

一个饮料瓶、一个大于饮料瓶的玻璃瓶、冰块、食盐。

实验过程

① 把饮料瓶装进大玻璃瓶中。

把食盐和碎冰块，按 1：4 的比例混合均匀，然后填入到饮料瓶和玻璃瓶中间的空隙处。

② 把玻璃瓶放在桌面上固定。向饮料瓶口吹气。

③ 看看瓶子里你吹的气有什么变化。

🏠 柯博士告诉你

这个实验装置就像一个小冰箱，饮料瓶里的空气温度是很低的，当你向瓶口吹气时，从你嘴里吹出的是带有湿度的气体，这些气体进入瓶中后遇冷，气体中的水就会凝结成小水滴，并悬浮在瓶中，你会看到有气体悬浮在瓶中慢慢飘动，这像漂浮的云雾一样，其实云雾的形成原理也是这样。

🏠 相关链接

◎ 人工消雹

雹灾是给农林牧业生产以及电信、交通运输和人民生命财产造成损失和伤害的一种自然灾害。

雹灾的破坏力同冰雹块大小、数量、降雹时间长短和落速有关。雹块

越大，其破坏力就越大。

雹灾的雹块直径为0.5—3.5厘米，雹块使作物叶片撕破、茎秆受伤，以致作物减产或绝收。我国的降雹多发生在夏秋暖季，预防雹灾除人工消雹外，重要的是植树造林、绿化荒山秃岭、改善生态环境。重要设施和经济作物可架设防雹网。

人工消雹是向云中施放碘化银或碘化铅等催化剂，它们会使云中冰晶数目增多，冰晶形成雹胚时会消耗大量的过冷云滴，结果使所有的雹胚都无法变得太大。雹块下降时有的会融化，这就形成了水滴，或者缩小成小冰雹。和人工降雨一样，也有使用吸湿性物质消雹的，如食盐，它们会吸收云中的水分，使雹胚不至于膨胀得太大，及时降落到地面。

消雹可以在雷达的监测下，利用高射炮、火箭发射人工成冰剂。人工消雹也可以采用空中爆炸作业的方法，爆炸发生后，由于冲击波的作用，大冰雹会粉碎，而冷却云却会直接冻结下

降，于是消雹的目的也就达到了。

◎ 大雾也是气象灾害

雾是空气中的小水珠附在空气中的灰尘形成的，所以大雾就表示空气中灰尘增多，这样的天气对人的健康以及交通有很大的影响。所以，在大雾的天气里，能见度大大降低，机场、码头都会进行管制，高速公路也会封闭，汽车、飞机、轮船等交通工具也无法使用。

雾天空气的污染比平时要严重的多。组成雾核的颗粒很容易被人吸入，并容易在人体内滞留，而锻炼身体时吸入空气的量比平时多很多，因此，雾天锻炼身体吸入的颗粒会很多，这就会危害人的健康。1952年发生在伦敦的烟雾污染事件，就是因空气污染严重，大雾笼罩伦敦数日，使成千上万的老年人、儿童、体弱的人致病或病情加重，其中有一万二千余人死于大雾污染。